居住空间
设计程序与应用

Dwelling Space Design Procedure and Application

周玉凤◎著

图书在版编目（CIP）数据

居住空间设计程序与应用 / 周玉凤著.—南昌：江西人民出版社，2016.11
ISBN 978-7-210-08921-6

Ⅰ.①居… Ⅱ.①周… Ⅲ.①住宅－室内装饰设计 Ⅳ.①TU241

中国版本图书馆CIP数据核字(2016)第276668号

居住空间设计程序与应用
周玉凤　著
责任编辑：徐明德　徐　旻
出版：江西人民出版社
发行：各地新华书店
地址：江西省南昌市三经路47号附1号
编辑部电话：0791-86898965
发行部电话：0791-86898801
邮编：330006
网址：www.jxpph.com
E-mail:gjzx999@126.com
2016年11月第1版　2016年11月第1次印刷
开本：889毫米×1194毫米　1/16
印张：11.25
字数：260千
ISBN 978-7-210-08921-6
赣版权登字—01—2016—849

定价：49.80元
承印厂：江西金港彩印有限公司

目录

第一章　准备篇——居住空间设计基础

第一节　认识居住空间设计……2

一、居住空间设计的含义及相关概念……2

二、居住空间的发展历程……6

小贴士……11

第二节　居住空间设计的类型和特征……12

一、居住建筑的类型和特征……12

二、居住空间的类型和特征……16

小贴士……20

第三节　居住空间设计的工作内容和原则……21

一、居住空间设计的工作内容……21

二、居住空间设计的原则……23

小贴士……23

第四节　居住空间设计师需要具备的能力和装备……24

一、具备熟练的职业技能……24

二、具备良好的职业素质……25

三、具备基础的硬件装备……26

小贴士……27

第二章　过程篇——居住空间设计过程

第一节　设计定位……30
一、项目接洽与业主沟通……30
（一）接洽前的准备……30
（二）洽谈与沟通方法……31
（三）业主信息整理……33
二、现场勘察与基地信息……34
（一）现场勘察前的准备……34
（二）现场测量……35
（三）现场调查……39
（四）基地信息记录……41
三、设计委托与项目任务书……43
（一）签订设计委托合同……43
（二）绘制工作进度表……46
（三）制定项目任务书……47
小贴士……49

第二节　设计概念……50
一、需求分析……50
（一）设计任务分析……51
（二）需求内容总结……53
（三）需求内容转化为实现方式……54
二、设计准备……55
（一）了解设计中的制约因素……55
（二）定向资料收集与整理……60
三、功能分区……60
（一）功能需求与功能空间……60
（二）功能区域划分原则……62
（三）功能分区……62

四、概念生成......65
（一）平面布置......65
（二）意向拼图......66
五、设计提案......67
（一）提案前的准备......67
（二）项目提案......73
小贴士......73

第三节 设计方案......74
一、功能空间设计......74
（一）门厅（玄关）......74
（二）起居室（客厅）......76
（三）厨房......77
（四）餐厅......78
（五）卧室......79
（六）卫浴间......81
（七）书房......83
（八）储藏空间......84
（九）阳台......85
（十）通道......86
二、空间氛围设计......87
（一）材质设计......87
（二）色彩设计......89
（三）照明设计......91
（四）软装陈设设计......92
三、设计方案表达......96
（一）三维场景模拟......96
（二）设计方案排版......97
小贴士......101

第四节 设计实施......102
一、施工图绘制......102
（一）施工图的基本知识和内容......102
（二）制图规范及常用图例......103

（三）施工图绘制要点......106
二、材料手册与项目预算......115
（一）材料手册......115
（二）项目预算......119
三、工程协调......125
（一）工程合同签订......125
（二）工程协调......129
（三）项目归档......130
小贴士......132

第三章　延展篇——居住空间设计拓展

第一节　案例赏析......134
一、单元式居住空间设计案例赏析......134
二、公寓式居住空间设计案例赏析......139
三、别墅居住空间设计案例赏析......141
四、跃层（叠层）居住空间设计案例赏析......147
五、连排花园式居住空间设计案例赏析......151
六、复式居住空间设计案例赏析......155
小贴士......158

第二节　拓展途径......159
一、参阅相关的书籍杂志......159
二、关注并积极参与相关赛事......166
小贴士......168

主要参考书目......169

《居住空间设计程序与应用》课程安排

建议100-120课时

章节	内容			建议课时	
				理论	实践
第一章 准备篇 —— 居住空间设计基础 12-16	认识居住空间设计2	居住空间设计的含义及相关概念		2	-
		居住空间的发展历程			
	居住空间设计的类型和特征6-8	居住建筑的类型和特征		2	4-6
		居住空间的类型和特征			
	居住空间设计的工作内容和原则2	居住空间设计的工作内容		2	-
		居住空间设计的原则			
	居住空间设计师需要具备的能力和装备2-4	具备熟练的职业技能		2	0-2
		具备良好的职业素质			
		具备基础的硬件装备			
第二章 过程篇 —— 居住空间设计过程 80-92	设计定位 12	项目接洽与业主沟通	接洽前的准备	2	2
			洽谈与沟通方法		
			业主信息整理		
		现场勘察与基地信息	现场勘察前的准备	1	4
			现场测量		
			现场调查		
			基地信息记录		
		设计委托与项目任务书	签订设计委托合同	1	2
			绘制工作进度表		
			制定项目任务书		
	设计概念 20-24	需求分析	设计任务分析	1	2
			需求内容总结		
			需求内容转化为实现方式		
		设计准备	了解设计中的制约因素	1	2
			定向资料收集与整理		
		功能分区	功能需求与功能空间	2	4-6
			功能区域划分原则		
			功能分区		
		概念生成	平面布置	2	4-6
			意向拼图		
		设计提案	提案前的准备	1	1
			项目提案		

<table>
<tr><th rowspan="2">章节</th><th colspan="3" rowspan="2">内容</th><th colspan="2">建议课时</th></tr>
<tr><th>理论</th><th>实践</th></tr>
<tr><td rowspan="14">第二章
过程篇
——
居住空间
设计过程
80-92</td><td rowspan="7">设计方案
28-36</td><td>功能空间设计</td><td>门厅、起居室、厨房、餐厅、卧室、卫浴间、书房、储藏空间、阳台、通道</td><td>4</td><td>6-10</td></tr>
<tr><td rowspan="4">空间氛围设计</td><td>材质设计</td><td rowspan="4">2</td><td rowspan="4">4</td></tr>
<tr><td>色彩设计</td></tr>
<tr><td>照明设计</td></tr>
<tr><td>软装陈设设计</td></tr>
<tr><td rowspan="2">设计方案表达</td><td>三维场景模拟</td><td rowspan="2">4</td><td rowspan="2">8-12</td></tr>
<tr><td>设计方案排版</td></tr>
<tr><td rowspan="7">设计实施
20</td><td rowspan="3">施工图绘制</td><td>施工图的基本知识和内容</td><td rowspan="3">2</td><td rowspan="3">4</td></tr>
<tr><td>制图规范及常用图例</td></tr>
<tr><td>施工图绘制要点</td></tr>
<tr><td rowspan="2">材料手册与项目预算</td><td>材料手册</td><td rowspan="2">2</td><td rowspan="2">8</td></tr>
<tr><td>项目预算</td></tr>
<tr><td rowspan="3">工程协调</td><td>工程合同签订</td><td rowspan="3">1</td><td rowspan="3">3</td></tr>
<tr><td>工程协调</td></tr>
<tr><td>项目归档</td></tr>
<tr><td rowspan="8">第三章
延展篇
——
居住空间
设计拓展
8-12</td><td rowspan="6">案例赏析6-10</td><td colspan="2">单元式居住空间设计</td><td rowspan="6">4</td><td rowspan="6">2-6</td></tr>
<tr><td colspan="2">公寓式居住空间设计</td></tr>
<tr><td colspan="2">别墅居住空间设计</td></tr>
<tr><td colspan="2">跃层（叠层）居住空间设计</td></tr>
<tr><td colspan="2">连排花园式居住空间设计</td></tr>
<tr><td colspan="2">复式居住空间设计</td></tr>
<tr><td rowspan="2">拓展途径2</td><td colspan="2">参阅相关的书籍杂志</td><td rowspan="2">2</td><td rowspan="2">-</td></tr>
<tr><td colspan="2">关注并积极参与相关赛事</td></tr>
</table>

准备篇
居住空间设计基础

认识居住空间设计

居住空间设计的类型和特征

居住空间设计的工作内容和原则

居住空间设计师需要具备的能力和装备

居住空间

第一节 认识居住空间设计

【本节内容】居住空间设计的含义及相关概念；居住空间的发展历程

【训练目标】掌握居住空间设计的定义及相关概念；熟悉居住空间设计与相关领域的关系与定位；了解居住空间的发展过程与未来发展方向

【训练要求】查阅书籍与资料，理解居住空间设计的定义和内容

【训练时间】2课时

一、居住空间设计的含义及相关概念

1.居住空间设计

居住空间与人密切相关，这在古代关于住宅的经典著作《黄帝宅经》中的开篇就有清晰的介绍："居者，人之本。人因居而立，居因人得志。人居相扶，感通天地。"寥寥数语间人与居住空间相扶共生的依存关系已清晰地表达出来。事实也确实如此，单从时间这个维度，居住空间就已经是人生的最大部分：正常一个人一生中在家的时间有1/3以上，家庭主妇、儿童、老人更能达到90%以上；更不用说居住空间还是人们休养生息、接待亲朋等的场所。各种因素导致人们对于居住空间的关注越来越多，以至于时至今日，即使孩童都清楚购买房子之后要设计装修之后才能入住。从这个角度来说，居住空间对于国民整体的审美意识提高有着极大的积极意义。

那么，什么是居住空间设计呢？

所谓居住空间设计，就是围绕人的居住空间和周边环境，进行改善、美化的一系列创造性活动，最终满足人对居住空间的物质要求和精神寄托（如图1-1-1）。物质要求是指人对居住空间的客观使用功能和物理环境要求：如居住空间要能够提供吃饭、住宿、工作、休息、团聚、招待、采光、通风、保暖的基本功能；其中的起居室要能满足家人团聚、娱乐消遣、亲朋拜访、招待客人、工作学习的功用；厨房要有合理的工作活动空间，有必需的设备空间、贮藏空间……精神寄托主要是指人对居住空间的主观审美需要和心理环境需求，重点是指居住空间的布局、造型、材料、色彩、肌理、质感、照明、陈设、环境等要符合人的审美特征和心理需求。

图1-1-1 流水别墅 赖特

图1-1-2　苏州博物馆新馆　贝聿铭

2.建筑设计、室内设计和居住空间设计

要理解居住空间设计，首先需要对建筑设计、室内设计、居住空间设计三者及三者之间的关系有一定了解。

建筑设计是指根据建筑物的使用功能、所处环境和相应标准，综合运用现代物质技术手段，创造出满足并引领人的物质和精神需要的建筑室内外环境。按照建筑的使用功能，可分为居住建筑（如住宅、宿舍、公寓等）、公共建筑（如行政办公、托教、科研、医疗、商业、观览、体育、旅馆、交通、通信、园林、纪念性建筑等）、工业建筑（如厂房、仓储等）、农业建筑（如温室、饲养场、粮食与饲料加工站、农机修理站等）。

室内设计又称室内环境设计，是建筑内部理性创造的一种方法，一般是依据室内的使用性质和所处的环境，综合运用物质材料、工艺技术及艺术手段对室内空间进行组织和利用，创造出满足并引领人们在生产、生活中物质和精神需要的室内环境。按照人的生活行为模式，室内设计可分为：居住空间设计、工作空间设计、公共空间设计（如商业空间设计、旅游空间设计、展示空间设计、娱乐空间设计、酒店空间设计、餐饮空间设计等）。

从上述描述可以看出，室内设计是建筑设计的继续和深化，居住空间设计是室内设计的分支，它们之间是包含与被包含的关系（如图1-1-3）。简单来讲就是居住空间设计从属于居住建筑中的空间设计，主要研究人们在居住建筑的居住空间中的居住行为，从而对室内及相应空间进行组织和利用；它空间虽小但涉及面广（包括了室内设计的空间规划、界面设计、理念创意、室内的物理环境系统和物质技术基础等内容）。设计具有相通性，通过居住空间设计的实例，可逐步理解室内的设计原理，掌握设计步骤和方法，并可以进一步将这些设计技巧和方法运用到其他种类的室内环境设计甚至建筑设计工作中，大大提高读者的空间综合设计能力，如图1-1-2、图1-1-3、图1-1-4、图1-1-5。

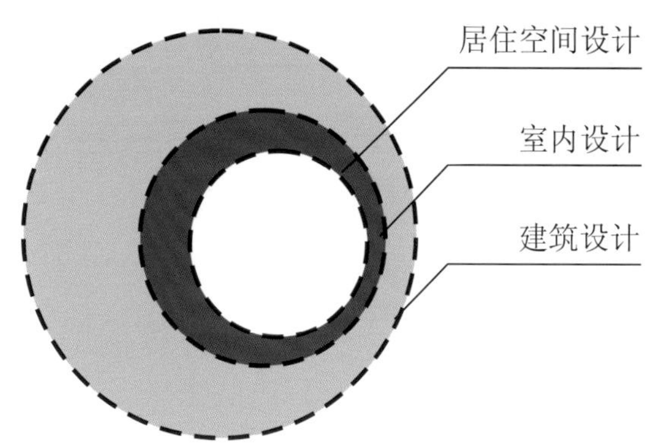

图1-1-3　建筑设计、室内设计、居住空间设计关系图

图1-1-4　广州歌剧院　扎哈·哈迪德

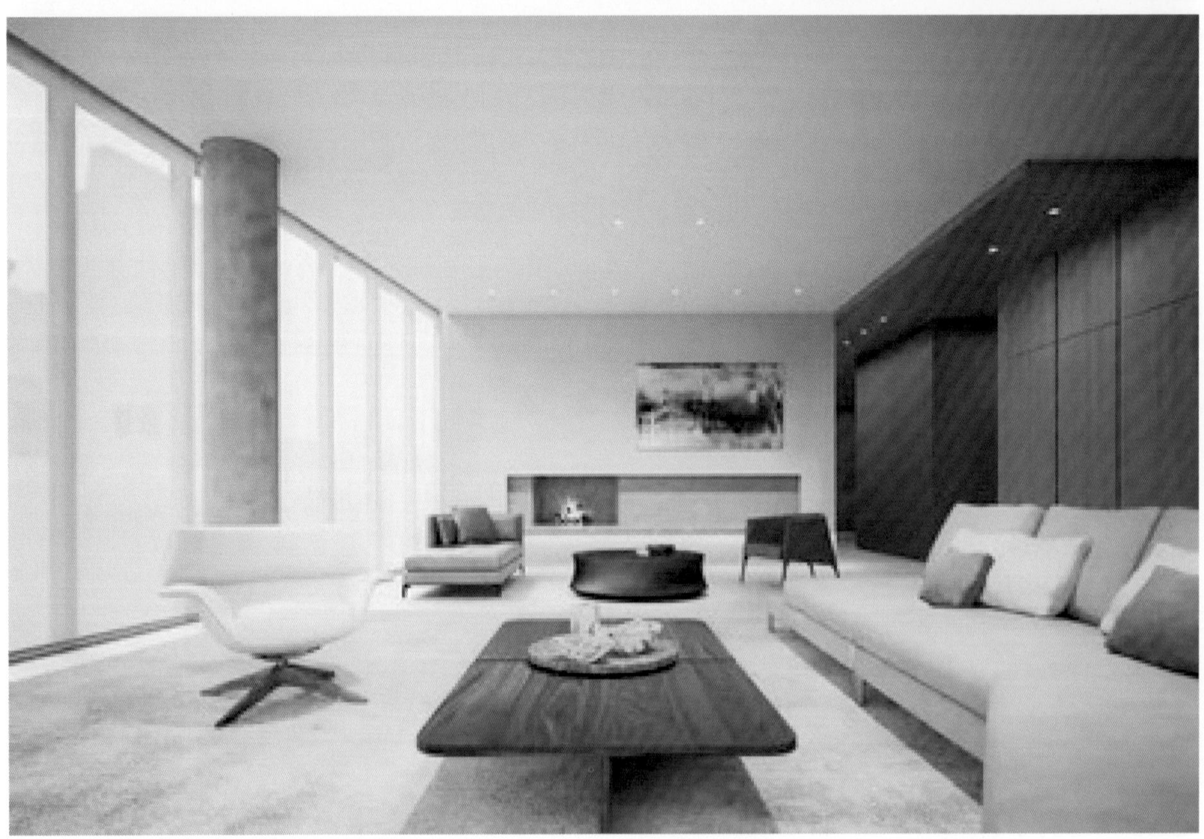

图1-1-5　纽约曼哈顿住宅　安藤忠雄

3.室内装潢、室内装饰、室内装修和室内设计

在进行职业居住空间设计，也就是家庭装修活动时，经常会听到室内装饰、室内装潢、室内装修、室内设计这些相关的称谓，能够辨析这些名称也是我们要做的功课之一。

室内装潢指利用各种装饰物品如书画等对室内进行美化；室内装饰指在居室的表面加些附属的东西，使室内空间环境得到改善；室内装修常指房屋的抹灰、粉刷、门窗安装、水电改造等技术性工程。

相比室内装潢、室内装饰、室内装修的工作内容，室内设计的内涵和外延更多一些，它包括了从前期规划到后期软装等全部过程的所有内容。

如图1-1-6。

4.公司的组织与架构

设计工程公司依据其负责人之前所从事的工作性质和公司规模不同，常分为以设计为主的设计工作室、以工程为主的工程公司、设计工程一体的中小型公司、大型设计工程顾问公司等。

以设计为主的设计工作室负责人通常是以设计起家，在设计方面有颇深的造诣；以工程为主的工程公司负责人多是以工程出身，承揽工程及工程组织与管理是其强项；设计与工程一体的中小型公司通常是设计部和工程部的组合重造，设计与工程可以相互推进，综合实力较强，这是目前市场中主要的公司形态；大型设计工程顾问公司是较为高阶的公司，这样的公司本身设计能力和工程施工能力都达到了先进水准，同时对周边的相关产业链也具有一定的认知与把控能力。不论是何种类型的公司，一般均由工程部、设计部、技术部、行政部、企划部组成，只不过小型公司会多个部门合一，大型公司会在此基础上进行丰富或延伸，如图1-1-7。

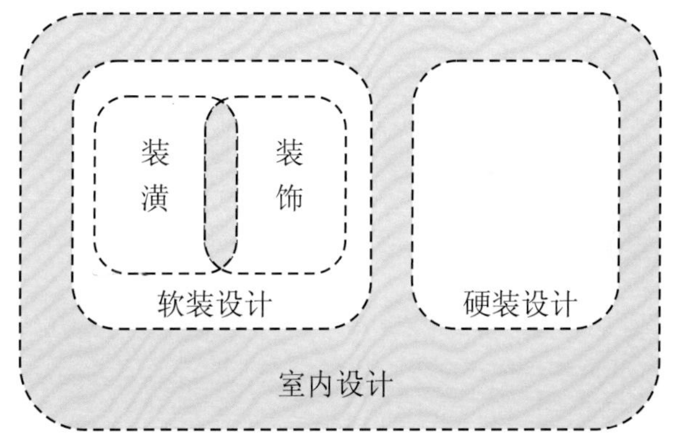

图1-1-6 室内装潢、室内装饰、室内装修、室内设计关系图

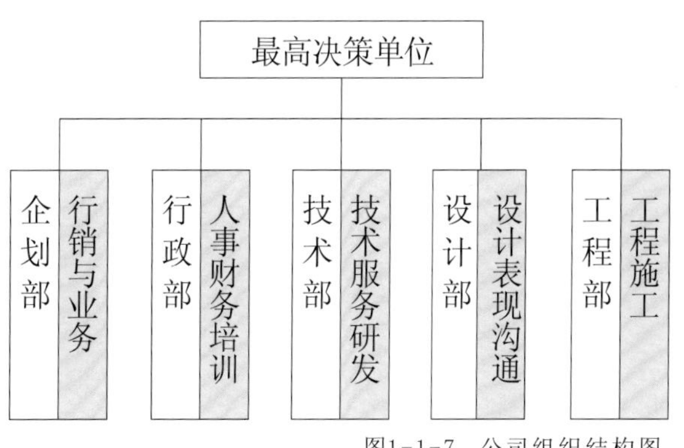

图1-1-7　公司组织结构图

图1-1-8　西方半坡圆形屋

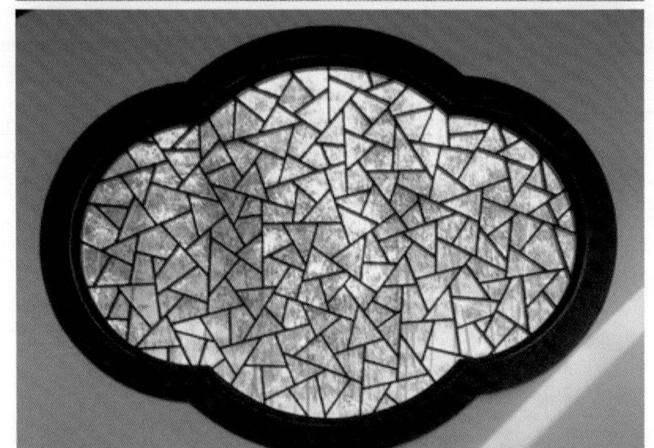

图1-1-9　苏州拙政园
图1-1-10　苏州园林梅花窗
图1-1-11 颐和园彩画
图1-1-12　韩熙载《夜宴图》中室内空间

二、居住空间的发展历程

在不同的文化认知阶段，人们对生活的体会也不一样，对室内空间营造的认知过程与审美方式的表达也不一样，故而反映在居住空间设计中的表现形式也不尽相同。

1.原初自觉阶段（原始社会至奴隶社会中期）

在原始社会的生产和生活中，人类的居住空间多来自于自然或自然的改造体——天然山洞、坑穴或是借助自然山林搭建的巢居。人们出于对美好生活的向往，会自觉地加工生产工具、改造生活环境，这就是设计的最初存在方式，一种技术与艺术的结合体（如图1-1-8）。

如仰韶文化时期就有用细泥抹面或烧烤表面使墙体陶化，避免潮湿；室内地面、墙面用白灰抹面以增加墙体的强度和韧性；以岩画、彩画、线脚等装饰墙面以美化环境和舒缓心情。

2.中期自发阶段

随着技术的提高和系统文化思想的出现，人们对居住空间的关注已不仅限于物质的表面，更关注于居住的品质如空间的氛围格调和精神寄托。

受老庄无为思想影响，人们在居住空间中开始强调天人合一、人与自然和谐相处的设计思想，如居住选材多来自于本土本地；栽植生活化、欣赏性强的花草树木（如图1-1-9）；受孔子礼制思想、以物言志影响，居住空间多采用象征性纹样表达主人的精神寄托（如图1-1-10）；受王权思想影响，王宫建筑极尽雕琢，以显示至高地位和无上权威（如图1-1-11）；受外来文化影响，居住空间从魏晋南北朝时期开始出现坐式家具，并在明代完全从席地而坐转变为垂足而坐的家居生活模式（如图1-1-12）……

这个阶段的居住空间设计工艺精巧，生活化、欣赏性强，为后世留下了丰富的文化遗产。

3.现当代快速发展阶段（工业革命至今）

自工业革命以来，世界经济进入快速发展的时期，居住空间也随之进入繁杂的更新模式。受国外住宅形式的影响，中国的住居出现了诸如花园洋房、别墅、石库门之类的住宅形式。改革开放之后的中国受内需外引的大环境影响，居住空间呈现膨胀式发展，欧式与传统中式复制品备受推崇；20世纪90年代中期以后，持续发展的经济和市民阶层的壮大，中国的设计界开始内省并关注本土文化、地域特色、可持续发展、社会责任等，对于居住空间设计有了更为深层次的思考与沉淀，步入稳步发展的轨道。如图1-1-13、图1-1-14、图1-1-15、图1-1-16。

图1-1-13　上海宋庆龄故居

图1-1-14　青岛蒋介石故居

图1-1-15　范斯沃斯住宅　密斯·凡·德·罗

图1-1-16 多姆斯domus 2012.3 P144/P85/P105

图1-1-17　新西兰奥克兰赫恩湾住宅　Bossley Architects

4.关于未来居住空间设计的展望

伴随着人类的出现，居住空间经历了令人炫目的发展变化，未来居住空间的发展还需要我们在以下几个方面引起重视：

高技术与高智能：高技术指的是未来存在或将要存在的各种高新技术如新材料、新工艺、智能化等；高智能指的是家居智能系统等，这些将是未来新型居住空间的组成结构（如图1-1-17）。

绿色环保回归自然：人们对生活质量和身体健康的重视会促使人们回归自然，关注生活本身，居住中光与影的变化、人与自然的交流、环境质量等会成为人们关注的焦点（如图1-1-18）。

尊重历史与传统：经过生活的动荡，人们开始学会懂得尊重历史和文化传统，借此来延续人类的优良文化。通过现时代的技术手段，将历史情感与文化传统以新的形式再现，成为居住空间的重要趋势（如图1-1-19）。

人性化与个性化：居住空间的主体是人，以人为本，就要考虑人的居住、休息、生活、交友等；每个人在社会中的工作、经历、爱好、气质等不同，依据这些不同，做出个性化定制的空间，是未来设计师要做的课题（如图1-1-20）。

左上　图1-1-18　多姆斯domus　2012.3 P91
右上　图1-1-19　三亚香水君澜　梁景华
图1-1-20　多姆斯domus　2012.3 P155

图1-1-21　VERANDA　2012.12　P42
图1-1-22　House Beautiful　P17

空间环境的整体性：整体性是指居住空间要与周围环境完美融合；居住空间内部之间的风格、用材、家具、陈设等要有一个统一的格调；人与居住的气质性格一致；居住者、居住空间、周围环境给人的感觉是一起生，一起长，宛若一个整体（如图1-1-21）。

旧房旧物改造：经济的发展带来了产品的极大增多，环境已无法承受这种过多的荷载。因此将旧房旧物改造重新利用，既可以变废为宝、降低成本、保护环境，还能包容更多的文化与情感在其中（如图1-1-22）。

小贴士

初入居住空间设计行业，首先要界定的就是居住空间设计的含义。深层次地理解居住空间设计的内容之后，才能更清楚地知道自己要做什么，不做什么，与哪些人合作。明确脚下的路在何方，这是设计的第一步。同时要注意，有些内容在书中一提而过，并不是因为它们不重要，而是因为它们在之前的课程中都有专项的学习，这里就不一一赘述。

居住
空间

第二节
居住空间设计的类型和特征

【本节内容】 居住建筑的类型和特征；居住空间的类型和特征

【训练目标】 熟悉居住建筑的类型和特征；掌握居住空间的类型和特征

【训练要求】 查阅资料，深入理解各种居住空间的类型；踏勘现场，感受各类居住空间的特征

【训练时间】 6-8课时

一、居住建筑的类型和特征

社会经济的发展和城市化进程的加速，导致了城市人口的激增以及因此产生的家庭结构的调整、生活方式的变化、个性化需求的增多，这些都极大催生了越来越多形式的住宅建筑，丰富了现代居住空间模式。众多形式的居住建筑，都是我们的设计对象，我们对此要有清晰的认识。

1.按建筑层数分类的居住空间类型

根据《住宅设计规范》，住宅按层数可以分为低层、多层、中高层、高层（如图1-2-1、图1-2-2、图1-2-3、图1-2-4）。

建筑层数在1~3层的为低层住宅，多出现于市郊或视野开阔的景区，一般以平房、别墅、小洋楼形式出现，独立性较强，给人以亲切自然、舒适方便的感觉。尽管人们大多喜欢以低层为住所，但是受到土地价格和利用效率的影响，很难在市区大规模开发。

建筑层数在4~6层的为多层住宅，是一种很有代表性的城市集合式住宅，一般采用砖混结构，少数以钢筋混凝土搭建。多层房屋一般规格整齐，通风采光较好，公摊少，得房率高。

建筑层数在7~9层的为中高层住宅，又称为小高层，相对多层加设了电梯，交通面积、造价相应提高，但土地利用率高、尺度宜人，属于一种性价比较高的居住形式。

建筑层数在10层以上的为高层住宅，这种住宅形式土地利用率高，比较节约土地；但同时由于要配备电梯、水泵、公共走道、防火设施等，建造和维修成本较高，可谓利弊参半。

左上 图1-2-1 House Beautiful 2011.12 P114
左下 图1-2-2 上海泰晤士小镇
右上 图1-2-3 六甲山集合住宅 安藤忠雄
右下 图1-2-4 苏州万科金色里程

2.按空间组合方式分类的居住空间类型

居住空间是住宅的基本单元，能够反映出居住者的家庭结构、生活方式和习惯等，按照居室的空间组合方式，居住空间可以分为单元楼、公寓楼、花园洋房、跃层、连排、复式等（如图1-2-5、图1-2-6、图1-2-7、图1-2-8、图1-2-9、图1-2-10）。

单元楼，又称单元房，一般指成套的住宅，除卧室、起居室外，每户都拥有独立的厨房和卫生间等辅助用房，水路、电路、燃气等设备齐全。住户进出自己的住宅，不用担心和别的住户相互干扰。这种住宅在对生活隐私保护较好的同时，也减少了与邻里的交往，是目前居住空间形式的主体。

公寓楼是商业地产的一种形式，一般设在高层大楼中，每一层有若干单门独户的套房，包括卧室、起居室、客厅、浴室、厕所、厨房、阳台等，主要供工作人员居住；也有一部分附设于旅馆酒店内供常来常往的客商及家眷短期租用。公寓主要是一种供居住而非生活的住宅。

花园洋房也称别墅，一般是指独栋带花园、草坪和车库的独院式平房或二三层小楼。水电气暖等生活设施齐全，各种功能居室齐备，多为较高收入者购买。

跃层一般占有两层楼面，有内部楼梯连接上下，不需经过外部的公共走道。各种功能房间如厨房、卫生间、客厅、餐厅等较活跃的区域常设于首层，二层常安排较静的区域如卧室、书房及辅助空间卫生间等。

连排别墅常常是由几幢2~4层的住宅并联而成，这些住宅均有独立门户，带有花园、草坪和车库，内部居住功能完备，水电气暖等设施齐全。

复式住宅与跃层相似有两层，但是上层层高较低或由住户自行搭建而成。一层多安排厨房、餐厅、客厅等活动空间，上层多安排休息睡眠等。复式住宅的空间利用系数较高，布局灵活、造价合理；既满足了各层的独立性，又保持了上下两层的共通性，适合追求个性空间和人口较多的家庭使用。

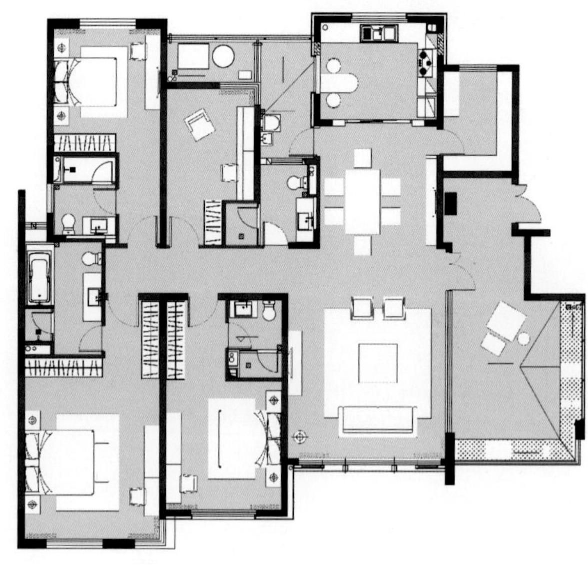

图1-2-5　苏州水巷邻里　梁志天

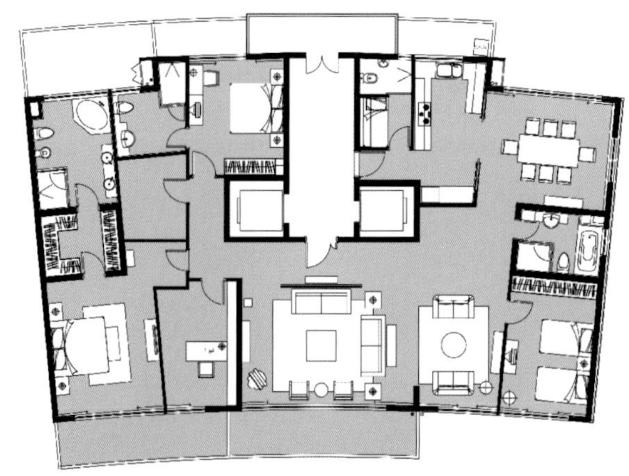

左上 图1-2-6 上海陆家嘴中央公寓 梁志天
右上 图1-2-7 VERANDA 2012.2 P102
左下 图1-2-8 VERANDA 2012.2 P123
右中 图1-2-9 合肥云水湾联排别墅
右下 图1-2-10 I'm home 2013.1 P146

图1-2-11 HongKong Suncrest Tower

二、居住空间的类型和特征

1.按实用功能分类的居住空间类型

居住空间是以满足人的各种需求而设置的，每个部分都有它的实用功能，从这样的观念出发，居住空间可以分为玄关、起居室（客厅）、餐厅、书房、厨房、卧室、储藏室、卫生间等(如图1-2-11）。

玄关是一个室内外过渡的空间，包括迎客、更衣、换鞋等功能；起居室（客厅）是居住空间使用率最高的地方，包括家庭团聚、闲谈、休息、娱乐、视听、阅读及会客等功能；餐厅是一家人就餐的地方，常配备餐桌、餐椅、餐边柜等，一般紧邻厨房，便于上菜与清洗；厨房是一个准备食物并进行烹饪的空间，需要安置好操作台、洗涤池、储物柜，并对各种设备如瓦斯炉、电炉、微波炉、烤箱、冰箱等预先加以归置；卧室常分主卧、次卧、客卧、儿童房等，供人躺卧睡眠之用，这是居住空间的重点；书房又称家庭工作室，是工作和学习延伸的地方，又是家庭生活的一部分，需要兼顾阅读、书写、学习、研究等功能；储藏室一般用于储藏日用品、衣物、棉被、箱子、杂物等物品，需要方便贮存和取用；卫生间是用来如厕、洗手、沐浴的空间，有时分客卫和主卫，有时为了方便共同使用也常采用干湿分区。

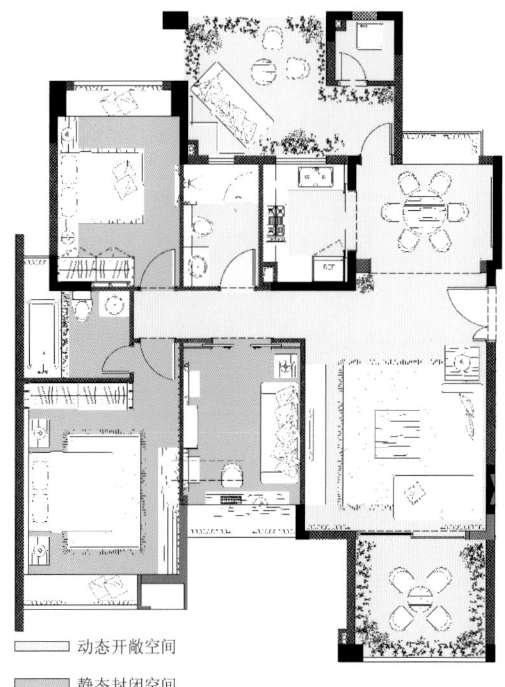

图1-2-12　动态开敞空间和静态封闭空间
深圳龙岗区鸿荣源公园大地1栋　黄志达

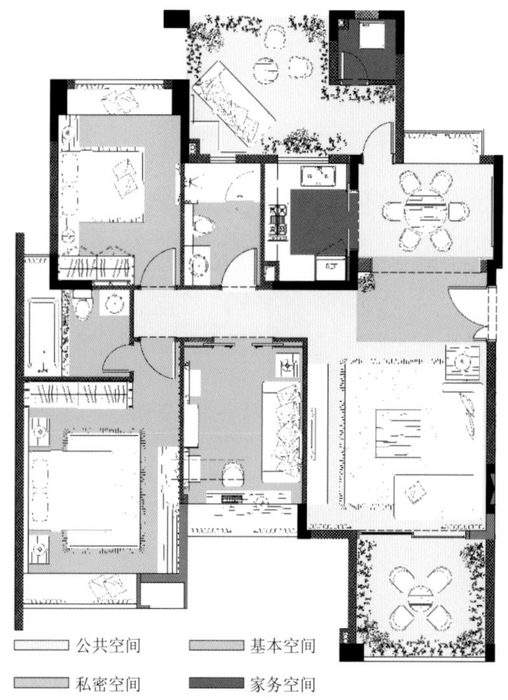

图1-2-13　基本空间、公共空间、私密空间、家务空间
深圳龙岗区鸿荣源公园大地1栋　黄志达

2.按人的行为表现特征分类的居住空间类型

按照人的行为表现特征，居住空间可以分为动态开敞空间和静态封闭空间（如图1-2-12）。

动态空间是人的位置以动态变换出现的空间，在平面布置中显示为界面围合不完整、外向性强、与周围环境交流渗透的交通流线、通道等；静态空间是指人的位置以静态方式出现的空间，包括站立、坐卧、交谈等动作行为，在平面布置中显示为空间限定性强、领域感突出、内向私密、尽端的卧室、卫生间、书房等空间。

3.按家庭生活行为分类的居住空间类型

按家庭生活行为进行分类，居住空间常被分为基本空间（如玄关、外卫、储藏室等），公共空间（包括客厅、休闲区、棋牌室等），私密空间（卧室、内卫、书房），家务空间（包括厨房、洗衣房）等（如图1-2-13）。

基本空间是指满足家庭成员基本需求的场所如卫生间、储藏室。

公共空间是以满足家庭共同活动为目标的场所，是一个全家人沟通交流、日常团聚的空间，这是家庭日常生活的重心。在这个空间里，家人应该能够进行谈话、视听、阅读、聚餐、娱乐、游戏等活动，感受到家人的关爱与支持。常包括客厅、餐厅、休闲区等。

私密空间是家庭成员进行个人活动所需要的独立空间，它可以帮助家庭成员在亲密无间的同时避免无端的干扰，放松自我，促进家庭的和谐。这样的空间常有卧室、书房、内卫等。

家务空间是为家庭提供后勤支持的服务区，常包括洗衣、做饭、保洁、熨烫、维修保养等琐碎工作所需要的设施和场所。设计合理的家务空间不仅可以节省空间、提高工作效率，更能给工作者带来愉悦的心情，缓解家庭矛盾。

4.按风格流派分类的居住空间类型

按照文化背景、地域特色、设计元素的不同，居住空间常分为现代风格、中式风格、欧式风格、田园风格、地域风格（如地中海风格、日式风格、伊斯兰风格、东南亚风格）、混合型风格等。

现代风格指的是简约时尚、功能第一的装修风格。因为这种风格将设计元素、色彩、照明、材料等都尽可能的简化，特别适合流水线生产，同时又保持了精湛的工艺和轻松的氛围，是现代装修的主流，能够被多数人特别是年轻人所接受（如图1-2-14）。

中式风格是在国力增强、民族意识复苏的情形中产生的，许多设计师在多年对西方文化的复制与模仿之后开始思考并探寻中国文化之根，尝试将传统中式元素提炼并加以丰富，再结合现代材质与工艺进行表达，从而产生的一种深具中国文化内涵的风格形式（如图1-2-15）。

右上　图1-2-14　ELLE DECOR 2012.1　P2
左上　图1-2-15　中式别墅　洪斌
右下　图1-2-16　VERANDA 2012.12　P133

欧式风格主要来源于欧洲巴洛克、洛可可、新古典风格元素，常装饰以古典图案、繁华的花卉、格调高雅的烛台、油画及水晶灯，再配以相同格调的壁纸、帘幔、地毯、家具外罩等装饰织物，整体给人以一种富丽堂皇、高贵典雅的感觉（如图1-2-16）。

田园风格来源于现代都市繁忙的工作之后，人们对于向往自然、贴近自然的悠闲、舒适生活的追求。选材多用天然材料如木材、砖石、草藤、棉布；装饰多以生活化的天然装饰品；用色鲜艳；在质朴中透出一种清新、高雅的气氛（如图1-2-17）。

地域风格指的是以某一地域文化特色为中心进行发散的室内装饰风格。强调尊重地域传统习惯、风土人情，反映当地民间特色，注意运用地方建筑材料或利用当地的传说故事等作为装饰的室内风格。常见的风格有地中海风格、日式风格、东南亚风格、伊斯兰风格等。

地中海风格是来源于地中海气候条件下的居住风格：海天一色的蓝色色调；艳阳高照的白墙；鲜艳度极高的色彩组合；简洁的线条；浑圆的木质家具；赤陶或石板界面，给人一种返璞归真的感受和浪漫情怀（如图1-2-18）。

日式风格也称和式风格。常以纸糊的日式移门、草席地毯、榻榻米平台、日式矮桌、布艺或皮艺的轻质坐垫等元素进行装饰，多用于面积较小的房间，线条感极强，给人一种优雅、清新、温暖的感觉（如图1-2-19）。

左上　图1-2-17　ELLE DECOR UK 2013.7　P148
右上　图1-2-18　Elegant Homes 2011 Fall-Winter　P098
右下　图1-2-19　君临宝邸D户型

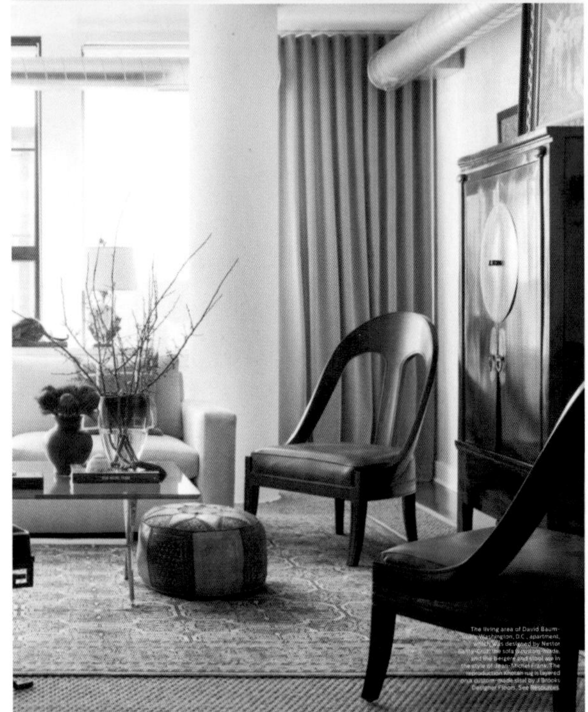

左上 图1-2-20 House Beautiful 2011.12-2012.1 USP131
右上 图1-2-21 三亚香水君澜
右下 图1-2-22 ELLE DECOR 2013.5 P187

伊斯兰风格来源于伊斯兰教和回族，空间多用植物、几何形花卉、文字进行装饰；喜用粉画、彩色面砖镶嵌和各式穹顶；给人以华丽精美的感觉（如图1-2-20）。

东南亚风格取材于东南亚热带雨林风情，多采用木材、藤条、竹子、石材、青铜、丝绸等原生态材料和深木色家具，注重手工工艺和健康环保，给人以稳重与雅致、自然与休闲的感觉（如图1-2-21）。

混合型风格是将古今中外设计风格融于一体，按照美的法则不拘一格重新组织搭配，形成和谐统一的一个整体。这种风格需要深入推敲造型、色彩、材质、装饰元素等，对于设计师的要求较高（如图1-2-22）。

5.按卧室数目分类的居住空间类型

按照一套房屋中卧室的数量，居住空间一般分为一室一厅一卫、两室一厅一卫、两室两厅一卫、三室两厅一卫、三室两厅两卫、四室两厅两卫等。这里的室指的是卧室之类的封闭房间，厅指客厅或客厅和餐厅的合体。例如两室两厅一卫指的是两个卧室、一个客厅一个餐厅、一个卫生间，其余的以此类推。

小贴士

由于空间使用的多样性，居住建筑与空间的分类不能代表全部的分类内容，同时也不能死板地理解各种分类界限。比如客厅、餐厅加上桌椅之后就兼有书房性质；私密空间和公共空间的界限也不是绝对的，当把私密空间的门窗打开时，就是一个流动的公共空间；房间还有改造的可能，有时一个房间兼具多种功能，如书房与储藏室、休闲区与棋牌室；有时风格同时具有现代、中式、田园色彩……在做居住空间功能划分时，可以参照这些类别，但也不用太拘泥于这些形式而使自己束手束脚。

居住
空间

第三节 居住空间设计的工作内容和原则

【本节内容】居住空间设计的工作内容；居住空间设计的原则

【训练目标】熟悉居住空间的总体工作内容和各阶段具体的工作；掌握居住空间的设计原则

【训练要求】现场走访项目参与人员，深入理解居住空间设计各个阶段的大致工作内容；明白居住空间设计原则的深层次原因

【训练时间】2课时

一、居住空间设计的工作内容

按照居住空间设计过程中涉及的工作项目，作为一个居住空间设计师，要参与的工作内容大致可以分为项目协调、空间设计、三维效果表现、提案设计、施工图设计、材料设计、软装设计、工程预算、施工协调等。（如图1-3-1）

1.项目协调

当接到一个业务时，就意味着一个设计项目的开始，一个居住空间设计的完成在工程竣工后才能算结束。在这个长期的过程中，会涉及各种各样的工作：如何与业主进行沟通，如何有效协调团队人员发挥出各自工作潜力，如何把控进度使设计与施工有序进行，如何控制成本使业主和设计施工方满意，如何监督产品质量达到设计施工要求，这些都是项目管理要面临和解决的问题。

2.空间设计

空间设计需要具备较高的美学修养，能够依据项目基本情况做出合理、美观、舒适的空间，它是一个复杂的过程，涉及与业主的沟通、分析归纳、平面规划、空间界面等多个部分。这是企业和项目的灵魂，也是设计师价值得以体现的重要依托。

3.三维效果表现

设计师需要将自己设计的内容以业主看得懂的形式表现出来，三维效果表现是一种最直观的表现方式，这是设计师需要具备的基本素质。

4.提案设计

符合业主需求、引领业主观念的设计才是好的设计，这就需要设计师能够向业主有效传达设计理念，使业主接受设计师的设计思路。这就需要设计师有清晰的头脑、理性的思考，并有表达设计方案的能力。

5.施工图设计

设计师把方案设计以可视化的施工语言表达出来就是施工图设计，它是设计师与施工人员达成共识的理性依据。居住空间一般需要整套的施工图纸，包括原始平面图、拆砌墙体图、平面布置图、索引图、地面材质图、天花布置图、各向立面图、水管走向图、弱电布置图、开关图、插座图、施工节点图等。

6.材料设计

施工得以实现少不了材料的支撑，如何挑选出符合设计要求的材料，同时兼顾业主的喜好，还要能够安全环保，这需要对材料市场有清晰的了解，并有大量质优价廉的可靠供货商渠道。做好材料设计，是企业得以盈利的基础。

7.软装设计

硬装做完以后，还需要挑选家具、电器、窗帘、布艺、绿植、饰品，并要对这些内容进行组织与搭配，营造出温馨、舒适的居家氛围，这就是软装设计。经过软装设计的居室空间才是完整的居住设计。

8.工程预算

设计得以实施需要提前制作预算，如何在业主预算限制的基础上，做出功能合理、样式美观、情趣性强、安全牢固的居室空间，需要设计师有良好的装饰材料和施工工艺把控能力、有一定的经济头脑并常和工程部进行沟通。

9.施工协调

施工是设计价值得以实现的必然途径，设计师虽不需要亲自施工，但却需要将如何选材、如何制作、制作注意事项等具体内容传达给施工方，在施工过程中碰到意外情况还要能灵活处理、妥善解决。

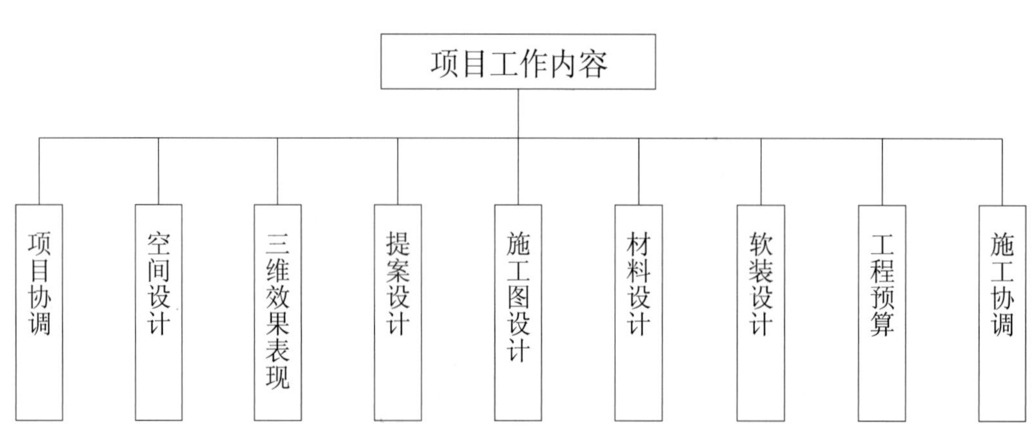

图1-3-1 居住空间设计的工作内容

二、居住空间设计的原则

1.功能布局合理

居住空间承载了一个家庭关于吃饭、住宿、娱乐、休闲、聚会、工作、学习、贮藏等多方面的功能，如何依据人们的活动规律和习惯，处理好空间关系和尺度比例，合理进行平面布置，妥善解决室内通风、照明、采光，营造出符合业主需求的环境与氛围，是居住空间设计首先要面对的功能要求。

2.时代感与文化感并重

居住空间是人类生活的重要组成部分，从一个侧面反映现代社会的物质生活和精神面貌，设计师需要在居住空间中有效体现出时代精神；同时人类社会的发展过程中，无论生活习惯、居住方式、精神文化、地理特色都具有一定的历史延续性，需要在设计中体现文脉的传承。在满足功能的前提下，室内环境应协调统一，装饰风格、造型、规格、材质、色调应有一个统一的主线，营造出平和、舒适、温情的氛围。

3.预算合理

在进行居住空间的预算分布时，应多从业主角度考虑，一些不能节省的项目如结构、水电隐蔽工程等即使业主没有要求也不能节省；工程材料、工艺技术要在环保安全的基础上量入为出，不能盲目追求华丽、高档次；可以将一些废旧用品变废为宝、改造利用，在增加生活氛围的基础上减少投资。

4.服务与引导业主

居住空间是设计师的舞台，更是业主生活的场所，因此设计风格、材料选择、功能布置等一切事项都需要以业主的意愿为第一选择。当然，理想与现实之间总会有些差距，如何用合理的方法实现理想或当理想无法实现时如何另辟蹊径，都需要设计师用专业的知识和技能来服务与引导业主。

5.绿色节能可持续发展

在环境污染日益严重的今天，越来越多的业主意识到健康生活的重要性。在家装选材、工艺标准、设计思路等方面应遵从绿色节能可持续发展的要求：尽量选用一些甲醛含量少的天然木材；多配置一些植物鲜花清新空气；尽量利用天然采光和通风；多使用一些工厂化、标准化、拼装化、专业化的施工工艺；一些不急或暂不确定的需求可暂不设置，以留待后面更好的发挥。

小贴士

居住空间的工作内容很多很杂，作为一名设计师要尽可能对这些内容进行了解，但并不需要做到样样都精通。一般大型或专业的公司都有明确的分工，设计师可以根据自己的情况选择一个工作过程中不可替代的业务方向做深入钻研即可。

居住
空间

第四节
居住空间设计师需要具备的能力和装备

【本节内容】设计师需要具备的职业技能、职业素质以及基本的硬件装备

【训练目标】了解居住空间设计师需要具备的各项职业技能和职业素质；明白居住空间设计师基础装备的种类及要求

【训练要求】与职业空间设计师深入沟通，深刻理解各项职业技能及相应的工作内容；清楚需要具备的各项职业技能和素质的原因；购置或借用相应的基础装备，以备后期设计时使用

【训练时间】2-4课时

一、具备熟练的职业技能

1.具备住宅的建筑结构知识

在开始设计之前，首先要对设计对象——住宅有所了解，设计师需要知道住宅的结构形式是框架、剪力墙、砌体还是砖混结构，以便在后期的改造中避免误触承重墙柱，做到有的放矢；需要了解住宅的通风、采光等，以便合理安排卧室、客厅、晾晒等功能布局；需要了解住宅的水电燃气消防等设备管道位置，以便做好合理的布局。

2.具备创想构思的能力

居住空间设计中最关键的是设计理念与方案，好的理念与方案设计能力需要很长时间的学习与训练，同时需要开阔的视野，广泛的信息渠道。在进行设计构思时不能凭空想象，需要在满足居住空间基本功能基础上，充分考虑舒适、美观、节约、时尚等因素。可谓是在针尖上跳舞，需要在一定的限制与约束中充分发挥。

3.具备设计构想的表达能力

好的设计师不仅要能够提出自己的理念和见解，更能够将这些见解以可视化可交流的形式进行表达，因此需要掌握以手绘效果图或SketchUp进行方案构思表达的能力；以Photoshop平面排版、Powerpoint提案的能力；以3Dmax进行三维深化表达的能力；以AutoCAD进行方案深化与施工图表达的能力；掌握材料与工艺并能以材料图册表达材料选择的能力；掌握Excel进行工程预算的能力……

4.具备沟通与协调的营销能力

做居住空间设计的过程，就是一个营销的过程，因此家装设计师不仅是设计与施工能手，还要是一个谈判和签单高手。从接待洽谈到方案设计，从成本预算到施工合同，从材料选择到工程验收，每一步都涉及了多方人物、多方洽谈和谈判。居住空间设计师只有成为营销高手，才能有一展所长的机会。

二、具备良好的职业素质

居住空间设计师的职业素质就是从事家装设计行业的人员在社会职业活动中所表现出来的行为习惯和思维方式。一个合格的家居设计师主要需要具备以下几种职业素质：

1.高深的审美鉴赏能力与品位

现代居住空间设计是一个对审美要求极高的行业，好的审美鉴赏能力和敏锐的感受力甚至比动手能力要求更高。因此，居住空间设计师需要对色彩、空间、造型、风格、流派等均有较深的研究，并能在此基础上形成自己独立的风格与判断。

2.广博的知识与文化

居住空间设计属于一门综合性交叉学科，居住空间设计师需要丰富的生活阅历和大量的相关专业知识如材料、技术、花卉绿植、家具、预算、谈判及传统文化、心理学、自然科学、人文科学等做支撑，并能在这些学科中融会贯通、交叉使用，只有这样才能在设计与沟通中处变不惊，游刃有余。

3.优秀的团队协作能力

居住空间设计不是一个人的舞台，需要团队业务人员、谈判人员、派单人员、设计师及助理、监理、工长、水电工、瓦工、家具定制人员、材料商等通力合作，设计师在其中要找到自己的位置，与团队人员做好配合工作。

4.能够吃苦耐劳并自发学习

若想做好设计，特别是在设计的起步阶段，需要做好吃苦耐劳的准备。跑工地、跑材料、跑业务、做设计等各项工作都要尝试并在过程中学习，这样才能在设计工作时提高效率。

5.坚守职业道德

设计师是运用自身专业和技能向业主提供设计指导的人员，需要为自己的设计负责，不能完全以利润为第一目标而罔顾设计安全与环保等问题，要能从客户角度考虑问题，设身处地地为用户着想，为后期工作的良性循环奠定基础。

图1-4-1 速写基本工具：
2B铅笔、橡皮、0.1mm一次性针管笔（德国红环rotring）、速写本

图1-4-2 彩色铅笔基本工具：
2B铅笔、橡皮、0.1mm一次性针管笔（德国红环rotring）、48色水溶性彩色铅笔套装（德国辉柏嘉）、速写本

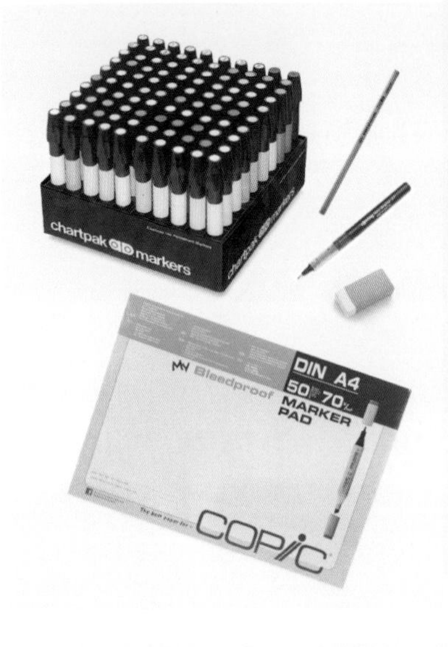

图1-4-3
马克笔技法基本工具：
2B铅笔、橡皮、0.1mm一次性针管笔（德国红环rotring）、60色马克笔套装、速写本（马克笔专用纸）

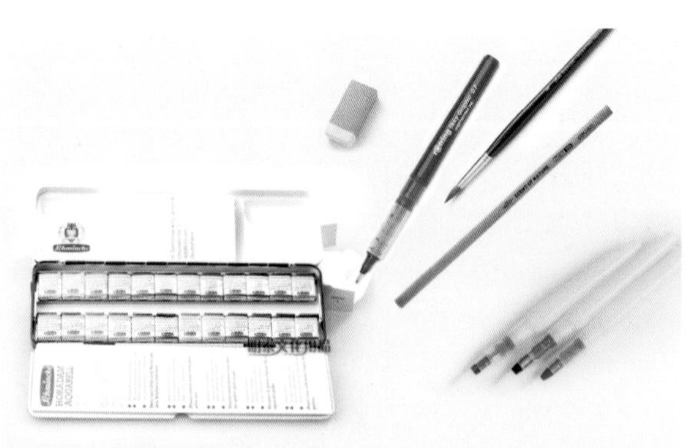

图1-4-4 水彩技法基本工具：
2B铅笔、橡皮、0.1mm一次性针管笔（德国红环rotring）、4号和10号圆头水彩画笔（水貂毛）或德国施德楼自来水笔大中小号、25mm平涂画笔、24色固态水彩颜料（德国史明克铁盒装）、水彩纸

三、具备基础的硬件装备

对于要从事居住空间设计的设计师来说，需要配备一些必要的装备。但现代装备名目繁多，让人高兴的同时也容易让人产生困惑——仿佛所有的工具和设备都是必需的，唯恐漏下哪个会影响业务的开展，最后发现总是买多了，有许多根本就用不到。接下来我们会以入门设计师的角度，挑选一些最基本、最简单、最实用的装备，当对家装设计行业熟悉到一定程度之后，自然就会知道如何添置剩余的设备了。

1.手绘装备

手绘是设计师不可或缺的基本技能之一，它是用来表达设计意图与创作思路最直接的手段与形式，可以起到信息采集、方案推敲、情景展现的作用。常用的手绘装备有速写工具与材料、彩色铅笔工具与材料、马克笔工具与材料、水彩工具与材料等，可以全部购置，也可以根据自己的爱好自由搭配（如图1-4-1、图1-4-2、图1-4-3、图1-4-4）。

2.数字化装备

数字化装备是现代化设计必不可少的装备，它是进行资料查询、方案设计与表现、施工图绘制的必备工具。常用的数字化装备有高配置的台式电脑一台以进行方案设计、三维效果图表现、施工图绘制、资料查询；录音笔一个，可以方便记录沟通过程，归纳设计依据；微单相机一部，它是采集资料与记录现场的直接方式（如图1-4-5、图1-4-6）。

3.工具箱

（1）个人必备工具

作为一名职业设计师，需要配备一些职业生活中所用到的各种工具，以便满足工作记录、项目查阅、现场测量、文件归类、对外介绍等的需要（如图1-4-7）。

（2）可扩充的个性化装备

作为一名资深成熟的设计师，会有自己的工作方式和习惯，拥有自己的个性化装备（如图1-4-8）。

小贴士

居住空间设计师需要具备的职业技能和职业素质很多，作为一个合格的居住空间设计师，要能够清楚地知道自己的不足，自发地把工作中需要的职业技能尽可能全面的了解并挑选一项关键工作做精做熟，才能更快地成为独立的设计师。各种职业素养的培养不是一朝一夕能够提高起来的，这就需要我们把周围可以调动的一切积极因素调动起来，加快这个进程，如多了解一下家庭成员的具体生活工作习惯；看电视时多留意下新兴的生活方式和设计形态；当然基础的工具箱要配备齐全，这是是否专业的一个重要标志，至于个性化的工具箱则可以根据自己的情况慢慢购置。

图1-4-5 高配置电脑：
由于高品质的绘图对于配置要求较高，建议购买工作站式台式机或拥有独立显卡、内存大的较高配置电脑

图1-4-7 个人必备工具：
工作记录本一本；测量仪、卷尺各一个；办公小用品一套（便签、回形针、计算器、订书机、名片夹、文件夹）

图1-4-6 录音笔、相机：
建议购买外放声音大、待机时间长、适合会议模式的录音笔；超广角、超长角镜头的相机，可以短距离拍摄全景和近距离特写拍摄

图1-4-8 个性化装备：
iPad；丰富的图书和电子资料；个性突出的办公领域

过程篇
居住空间设计过程

设计定位

设计概念

设计方案

设计实施

居住空间

第一节 设计定位

【本节内容】项目接洽与业主沟通；现场勘察与基地信息；设计委托与项目任务书

【训练目标】了解与业主沟通的方法；清楚原始结构图的测绘方法；能够完成基地测绘工作；掌握项目任务书的制作方法

【训练要求】现场跟单，明白项目接洽的流程与沟通方法；现场测绘，掌握测绘方法，完成基地结构图绘制；能够依据业主和基地信息制作项目任务书

【训练时间】12课时

一、项目接洽与业主沟通

当今社会设计作品层出不穷，如何让自己的设计脱颖而出，直击业主心里，推进设计进程，与业主进行交流与沟通无疑占有举足轻重的地位。

（一）接洽前的准备

1.项目从哪里来

居住空间设计的项目工程因业主主体是个人，多不需要招投标。按其客户来源情况，多分为全新客户来源和老客户来源。全新客户多指由于广告宣传、活动促销、自主上门的客户；老客户多指朋友介绍、老客户推荐的客户等。了解项目来源，可以更清楚地了解客户关注的焦点，以便对症解决。

2.在哪里洽谈

项目洽谈的场所可以在一个地方或分多次在多个地方进行：

对于初次见面或了解不深的双方来说，选择办公场所会是一个不错的选择。在办公地点，一方面可以使客户对企业和设计师有更客观的认识，产生信任；同时也可以方便设计师借助企业平台和人员，充分展示自己；

若双方已经有了一定的信任基础，那么可以选择一个相对来说较为放松的场所如咖啡厅、茶楼之类，在这样的场所，客户会不自觉地展现出自己真

实的想法和观念，甚至还可以把深层次的潜在意识表现出来，从而帮助设计师做出更有针对性的设计方案，提高客户满意度；

若是沟通到一定程度，双方能够一起到家具与材料卖场见面，由客户指出自己有意向或准备买的家具，这会是一个了解客户喜好、预算的不错途径；

双方也可以直接在拟装修的住宅进行会面，由于场景具体，业主可以更加感性地提出自己的想法，如在哪里拆墙、砌墙，做家具的位置与形式，对空间的想象等。

3.和谁洽谈

设计师与业主洽谈时最好由业主夫妇同时出面，以方便了解业主的性格、爱好、职业、习惯、年龄等客观现状，若是条件允许，最好可以和住宅中的所有常住人口进行见面并进行深入交流，这是做出符合业主需求的住宅的必备条件。

4.洽谈前要准备哪些资料

在洽谈前适当地准备一些优秀的室内设计案例并提前进行分类，如按面积进行分类的小户型、中户型、大户型等；按空间功能分类的玄关、起居室、客厅、卧室、卫生间、厨房等；按家具功能分类的衣柜、沙发、贮藏柜等；按风格分类的欧式、中式、现代、田园等。与客户洽谈时这些资料可以顺利地引导客户做出清晰的判断。

5.洽谈时的工具箱

洽谈时还要准备好一些常用的工具：刚见面时一般先互换名片，以便双方了解与联系；洽谈过程中记录笔、记录本之类可以有效记录双方谈话内容，特别是业主的个性化要求，以便作为后期设计依据；双方可以通过电脑、iPad、速写套装进行方案意向的传达；测量尺、卷尺随身携带以便随时进行测量。

（二）洽谈与沟通方法

居住空间设计不是纯粹的个人展示，它作为一种商品，需要符合消费者业主的喜好，而与之进行深入的洽谈与沟通是了解其心意的最简单途径。成功的洽谈与沟通是一系列谈判技巧、经验和政策支持的结果，是一个系统工程。因此，设计师要思虑周全，注意方式方法。

1.与客户交朋友

要想深入了解客户，与客户交朋友应该算是一

图2-1-1 奥地利维也纳微软总部

个比较有效的方法。

与客户成为朋友的第一步，就是无论客户的个人性格有什么问题，都尝试去喜欢他，毕竟世界上没有完美的人；然后，走入他的家庭，成为他们中的一员，站在客户的角度，肯定他、理解他、尊重他，以他的方式进行思考，你所讲的就是他所想的，自然而然地拉近与客户的距离；进而发挥自己的人格魅力，以自己的广博知识和专业修养影响业主，让客户自然而然地向自己靠近。

2.细致的观察

与业主沟通与交流的过程中，要尽量多地听取业主的谈话，观察他的一举一动。通过业主的言谈举止，了解他的性格，这有助于尽早确定设计的风格与倾向；通过业主现有的生活方式，了解他的作息习惯，有助于设计出更为合理的空间流线和功能分区；通过业主的消费行为，了解他的经济实力与观点，有助于做出更加适合业主承受能力的方案，使业主感觉放松和安心，从而促进业务的进一步发展；通过业主的人际关系，了解他的品行，有助于更好地保护自己……

3.营造良好的氛围

与业主洽谈与沟通的顺利与否，氛围的营造也起着关键的作用。因此，设计师要注意自己的服饰、气质和情操，显示出自己的专业修养；同时注意自己的语言运用与面部表情，尽量以抑扬顿挫的语言增加内容的说服力；以自信饱满、热情大方的微笑营造轻松自如的谈话气氛；做好引导工作，消除业主的顾虑，促使业主充分表达他的想法……这些都有助于更多地获取业主信息和真实想法。总而言之，与业主的交往与沟通，要用心，用自己的人格魅力赢得他的好感与尊重，让业主打开心扉。

4.良性的互动

一位职业的设计师应当致力于营造出一种良性的互动关系并贯彻项目始终，使项目向高效、健康的方向发展。在设计前期，设计师应该引导客户尽量多地表达出对方案的想法与概念，同时在关键时刻表达出自己的专业性看法；在设计的过程中，设计师需要在设计节点处多与业主交流，以免使设计偏离业主思维；在设计的完善阶段，设计师需要多与业主交流项目细节，做到双方心中有数；在设计施工阶段，设计师应该多与业主、施工方进行方案协调与完善，务必使设计落于实处。设计的过程是跌宕起伏、充满风险的，良好的互动会是项目得以顺利进行的保障。

5.恰当的建设性意见

业主在咨询设计师之前，大多对自己的住宅已经有了较深层次的了解和很多的想法，但业主不是专业的设计师，不一定能把自己的需求完全表达清楚，在功能和造型上描述也不会太具体，美学修养程度也有限，有时也会盲目地制定出一些不太合理的要求如单纯的模仿欧美的风格……遇到这种情况，就需要设计师从不同的角度，在恰当的时机提出合理化的完善方法，当业主要求有不太合理的情况时，也要想办法引导业主思路，力求把业主的想法实现并加以发扬。

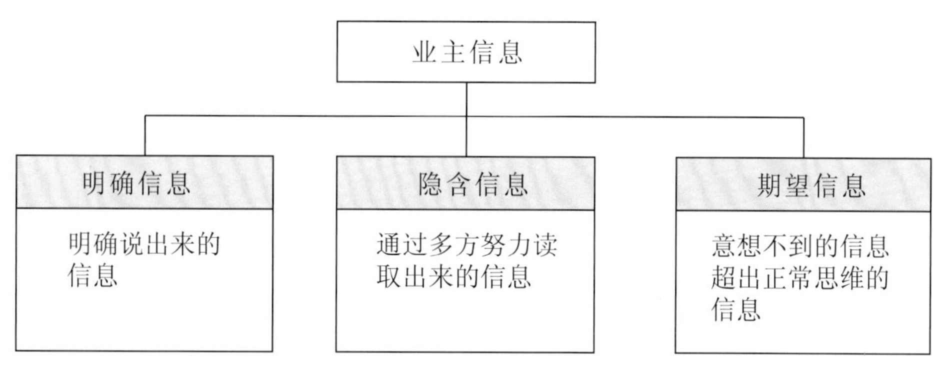

图2-1-2 业主信息种类

（三）业主信息整理

通过与业主的多方沟通达到一定程度后，要注意将业主的信息进行分类与整理，为设计做好铺垫（如图2-1-2）。

1.明确信息

明确信息是指业主清晰表达出来的信息，如家庭的常住人口、性格、爱好；每间房屋的具体功能要求；准备添置的设备名称、规格、品牌、颜色；想要留用原来家具的材料、款式、颜色；家用电器的种类、摆放位置；家庭主妇的身高、做饭习惯；屋主喜欢的风格、格调、造型；房屋的入住时间、平面初步构想等，这类信息较为客观、明显，一般情况下客户都可以迅速清晰地表达。

2.隐含信息

隐含信息指生活风格、经济条件、信仰、身份、文化底蕴等，这类信息一方面不容易用简单的词汇表达出来，另外一方面业主也没有办法或不愿意用清晰的语汇表达出来，这是考验设计师生活经验和专业判断的地方，需要多加努力才能把这部分内容套取出来。

可以采取的方法有很多，如可以把之前准备的相关图片资料给业主查看，由业主挑选喜欢的图片，以协助确定业主喜爱的风格；设计师也可以主动挑起相关话题，由业主多说多讲，不自觉地透露出自己的身份、信仰、经济条件等，设计师多思多想，做好记录；有时以静制动，设计师以观察和倾听者的角度，也可以了解业主的为人、品位、文化修养；当然，设计师还要有辨别力，能够区分出信息的真实性和倾向性，如有的业主说出了自己的预算，但这个预算却是掺杂了一定水分的数额；有的业主只是说出想要时尚简洁的空间，却没有给出具体的细节，需要设计师依据这个倾向逐步完善……

读取足够多的隐含信息并将之付诸实践，会使客户对设计方案有较高的满意度。

3.期望信息

业主一般不会将期望信息很明确地表示出来，如花费少、效果好；如结构牢固、安全；如在满意基本要求基础上的个性化需求；如设置专门的儿童游戏区、父母与子女的书房问题；如业主根本没有想到的角落做出的小景观或贮物空间；如原本90平方米经过改造出现了130平方米的效果……设计师若能在这一块做出努力，会使客户在满意度的基础上产生惊喜。

二、现场勘察与基地信息

（一）现场勘察前的准备

1.关于现场

一般情况下，我们将拟作业的场地称为现场，也叫“工地”。现场勘察是设计前期准备工作中十分重要的环节，它是设计的出发点和设计依据，所有的洽谈、灵感、方案设计、材料选择等都是以它为中心展开并为它服务。因此在接到项目后的第一步，就是到现场进行勘察、测量、调研基地的相关信息。通过深入了解住宅空间的内部结构和外部环境，设计师可以实地感受现场的环境和空间比例关系，为下一步的设计做好针对性的预备工作。

2.人员准备

去现场勘察的人员除设计师及其助理外，最好请项目团队涉及的所有人员如效果图设计师、施工图设计师、施工工长、监理人员、机电工程师等均到现场共同勘察。对于同一个现场，每个人因其工作分工会看到不一样的内容，建立起立体交叉的勘察结果。有助于后期方案设计、施工图绘制的顺利进行以及迅速确定水电改造、结构改造的限制和可行性。特别是当遇到较复杂的现场时，可以多方沟通，及时做出较为合理的结论和建议（如图2-1-3）。

3.工具装备

现场勘察需要一系列的装备，简易装备有手持激光测距仪、钢卷尺（3m、5m、7m均可）、速写本、一支笔即可；若是遇到较为复杂的结构，也可以准备一些较全面的测量工具如水平仪、水平尺、卷尺、90度角尺、量角器、测距轮、激光测距仪和辅助设备照相机、红笔、绿笔等。手持激光测距仪是一种重量轻、体积小、操作简单、携带方便的测量仪器，可以依靠激光快速测量距离、面积、体积、角度；钢卷尺使用方便，可以用具象的方式测量一些直线型距离；照相机可以用拍照的方式保存现场的空间关系、设备设施和周围环境的真实情景，便于设计师随时回忆现场情景。为了安全与方便，在工地现场尽量穿一些方便行动的服装和鞋子，如果是正在施工的现场，最好再佩戴好工地安全帽。

图2-1-3　项目团队到现场勘察

（二）现场测量

1.测绘程序

现场测量没有固定的方法，每个人可以根据自己的习惯采用最适合的方式，但是无论采用哪种方式，都要把握下列测量程序：

进入现场之后，先不要忙于画图，最好先绕着现场走上两圈（如图2-1-4），仔细观察房屋的组成情况和结构关系。确保能够回忆出房屋的大致平面后，就可以按照房屋的比例徒手在速写本上绘制出平面框架草图了；画草图一般是先画出轴线图，然后在轴线上再加墙厚和门窗位置（建筑轴线一般取100或300的倍数）。画完框架图后，再对照工地现场进行校对，直到平面框架正确。接下来就是尺寸的测量并标注（标注尺寸一般按照正对墙面的方向进行标注）：一般会从入口开始，按照房间依次测量房间平面尺寸并记录；平面测量完后，再测量高度方面的尺寸如房间的净高、梁底的高和宽、窗高和门高等。最后测量通风口、管道井、空调机管道、对讲机、配电箱等的细节尺寸，若是现场较为复杂，也可以借助立面图和顶棚图来帮忙记录。依据现场测量图，回到设计室再进行整理，绘出CAD格式的住宅原始结构图，作为设计的原始依据。

2.测量内容

到现场勘察是为了找到影响设计的各种因素，因此在现场测量要特别关注以下内容：

（1）空间基本尺寸

现场尺寸是将来设计的基本依据，因此要详细测量现场各个功能空间的总长、总宽、总高及墙柱跨度，特别注意门厅、过道、阳台尺寸，有角度的空间还要测量出角度，在此基础上绘制出清晰的平面框架图，以便合理地安排功能空间（如图2-1-5）。

（2）采光通风情况

采光与通风会直接影响平面布置，因此对涉及这部分的门、窗、洞口、阳台、露台、飘窗、天花、梁板等需要重点测量，标出其位置，注明其高度、宽度（如图2-1-6）。

（3）细部尺寸

住宅空间的细部是测量中很容易忽略的东西，但是却会严重影响设计内容，因此住宅空间的飘窗高宽、梁底高宽、马桶蹲位距离等细节尺寸需要谨慎处理，甚至以补充立面图形式表达出细节（如图2-1-7）。

图2-1-4　环视整个居住场景

图2-1-5 居住基本功能空间测量
整体框架、客厅、餐厅、厨房、卧室、阁楼、阳台、楼梯等基本尺寸测量

图2-1-6　居住空间采光与通风情况测量
记录门、窗、洞口、阳台、露台、天窗等各种采明通风情况

图2-1-7　居住空间细部结构测量
记录飘窗、梁宽高、管道、通道、拐角、地漏等细部尺寸

（三）现场调查

1.现场观察

设计师进入现场第一步就是要进行观察，通过观察在头脑里形成一个可以穿行的虚拟空间，想象各个空间的功能与相互之间的关系：感受一下入门后人处于玄关的感觉，是否开阔舒适，有足够放置鞋包和悬挂衣服的空间；厨房是否有足够空间放置冰箱、烤箱，与餐厅距离是否过长；卫生间的门有没有直接朝向大门口或面向主通道，是否太阴暗等；现有的硬件装修是否容易拆除，有没有可以接着使用的设备；这些都可以为后期设计提供参考思路。

2.结构调研

查看建筑的基本结构，标明混凝土墙、柱和非承重墙的位置尺寸，清楚建筑的承重结构。有时物业给出的结构图中会简单标示出建筑的承重部位，这些在设计时绝对不能破坏；一些空心砌体、卫生间的半砖墙体是可以拆除或移位进行空间的二次改造；有些墙体虽然从结构上来讲可以拆除如窗台的下部之类，但由于涉及建筑外观，需要与物业进行协调……住宅的结构是设计的骨架，需要特别留意（图2-1-8）。

3.设备调研

住宅中存在着各种各样的设备如上下水管、排污管、天然气管、管道井、配电箱、对讲机等，这是住宅空间得以顺利生活的依托，大多不能随意移动，否则因此产生的各种纠纷由自己承担；也有一些强电、弱电、开关、插座之类的设备虽然可以改造，但需要特种工操作，否则容易造成安全隐患。住宅中的设备需要设计师引起特别重视，有可能只是一个网线的出口就会影响写字台的位置；一个下水管出口就确定了水路的布置（图2-1-9）。

4.基地范围及周边环境调研

现场调研除了住宅本身信息的收集，还包括基地周边和附近的环境信息收集，以便为设计提供更为合理的支持：了解基地周围的交通情况，可以方便地确定室内动区静区的划分；清楚住宅采光情况，如楼层较低或前面有遮光建筑，就要以浅色调为主，适当提高室内亮度；掌握住宅干湿情况，若是住宅位于一层或较潮湿区域，就要避免使用实木地板以防变形；熟悉住宅窗户朝向情况，若是较为喧杂，就要注意隔声处理，若是风景较好，则可以安排为接待、阅读、休闲或其他适宜驻留的区域（图2-1-10）。

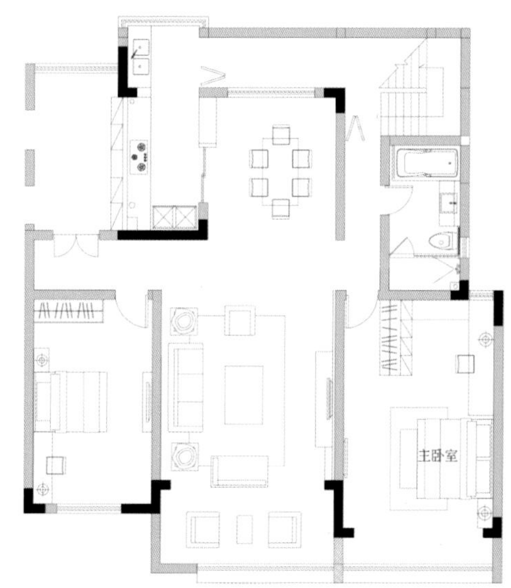

图2-1-8　居住空间的结构调查
确定剪力墙、承重墙、空心砌体、半砖墙体等

图2-1-9　居住空间的设备调研
标注水表、配电箱、天然气管道、暖气管、落水管、上下水管道等

图2-1-10　基地范围及周边环境调研
查看住宅门前、周边、邻居等情况

<table>
<caption>现场勘察记录表</caption>
<tr><td colspan="3">编号：</td></tr>
<tr><td>项目名称</td><td></td><td>设计号：</td></tr>
<tr><td>设计阶段</td><td>□方案阶段　　□深化阶段</td><td>勘察人员：</td></tr>
<tr><td>工程概况</td><td colspan="2">◎主体结构
◎建筑面积
◎建筑高度
◎项目类型　□毛坯房　　□装修房
◎建筑层数
◎其他</td></tr>
<tr><td>设计范围</td><td colspan="2"></td></tr>
<tr><td>勘察内容记录</td><td colspan="2"></td></tr>
<tr><td>需要解决问题</td><td colspan="2"></td></tr>
<tr><td>记录人</td><td></td><td>勘察日期：</td></tr>
</table>

图2-1-11　现场勘察记录表

（四）基地信息记录

1.填写现场勘察记录表

现场勘察过后，需要填写相应的现场勘察记录表，作为备案的依据。主要内容有项目名称、设计编号、设计阶段、勘察人员、工程概况、设计范围、勘察内容记录、需要解决的问题、勘察日期等（如图2-1-11）。

2.绘制相应比例的测绘草图

在详细的现场测量后，需要把测量结果以测绘平面图的形式呈现出来，遇到复杂的情况，可以用立面图和顶面图进行补充，若是一次测量不到位，也可以酌情多次测量。

现场测绘草图一般不受制图标准的制约，比例和结构稍微出入一些也不是问题，但是尺寸必须要按照实际尺寸标注（如图2-1-12）。

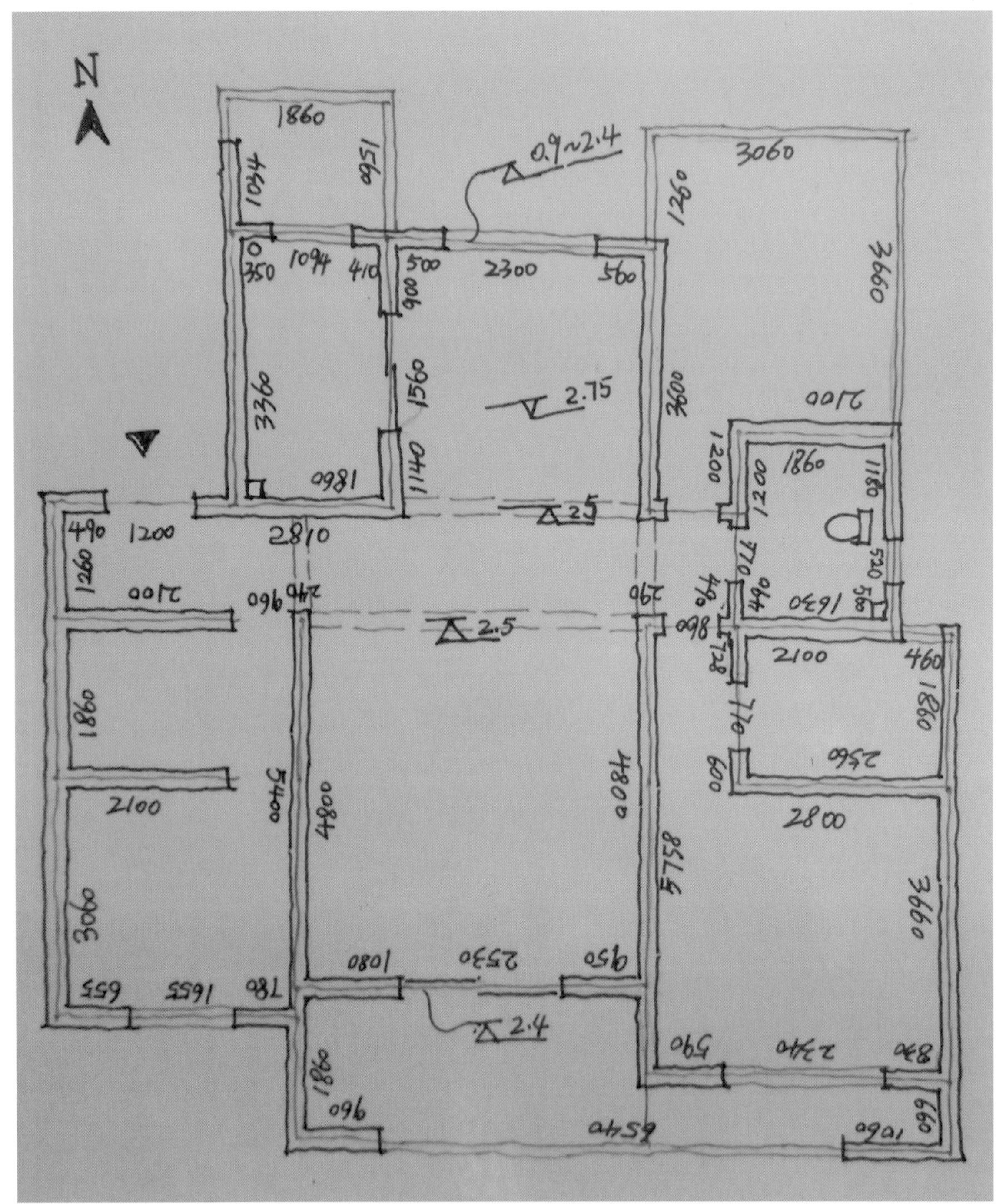

图2-1-12 测绘草图

测绘草图一般首先以浅色单线绘制出房屋主体框架；在主体框架基础上画出双线墙体；然后再逐一对各个功能空间进行测绘和标注尺寸。

标注尺寸时一般按照正面朝向被测物体进行标注，可以避免墙体双向尺寸出入所引起的误解；

房屋高度、梁底高度、窗户高度按照m为单位进行标注；

注意标注指北针和设备（如排污管、下水管等），必要时可增设立面图进行补充。

三、设计委托与项目任务书

（一）签订设计委托合同

1.设计委托合同书内容与签订

设计师与业主经过洽谈与勘查现场，若是有一定的合作意向，一般会以设计委托合同书的形式确立下来。合同书对于业主与设计方都有一定的约束力，因此，在签订之前，应当先了解合同中关于工作范围、工作内容、交付成果、收费标准、时间要求等具体情况，合同内容越详尽越好，无法具体描述的，可协商以会议记录或其他形式相补充。

2.设计委托合同书样例

设计委托合同书因不同地区、不同人员、不同使用场所会有不同的内容，但大致情况比较接近，使用时就某些部分做出相应修改即可。以下即是一份设计委托合同书可以参照的样本。

设计委托合同书

合同编号：

委托方：（以下简称甲方）

设计方：（以下简称乙方）

根据《中华人民共和国经济合同法》有关法律、法规规定，结合本公司所具有技术水准及本工程具体情况，本着精益求精、精诚合作的原则，甲乙双方就该工程室内装饰设计事宜达成如下协议：

一、工程概况

1. 工程地点：____________________________________

2. 建筑面积：____________________________________

3. 使用性质：____________________________________

4. 房屋结构：____________________________________

二、设计程序

1. 甲乙双方经协商设计费按套内建筑面积_______M^2×_______元/M^2计取。阁楼设计费按套内建筑面积（如要求特别创意的按套内建筑面积计算，非特别创意的按一半的套内建筑面积计算）_______M^2×_______元/M^2计取，设计费总计_______元。

2. 设计协议签订后，即由甲方付予乙方方案设计定金为总设计费的_______%，即_______元。

3.乙方在收到甲方提供的有关图纸，对工程进行实地勘测后在________天内，提出设计构想，形成设计方案平面图、创意透视草图，由甲方审阅。

4.在甲方确认平面方案图并支付施工图设计费即总设计费的________%________元后，乙方在________天内完成施工图设计，包括平面布置图，天花平面图，效果图（公共区域效果图一张），立、剖面图等。

5.施工图由甲方负责确认，确认后甲方在索取图纸时，须支付尾款，即设计费的________%________元。

6.甲方如需乙方提供2个区域以上的效果图应事先说明，并应于方案设计前付清效果图成本费（效果图________元/张）。现甲方要求绘制________部位效果图________张，总计________元。

7.施工图由甲方签字确认后，并由乙方盖好公司公章后，施工图才算正式有效。否则应为无效，乙方不对所有施工图负责。

8.其他约定：

三、双方责任

（一）甲方责任

1.甲方保证提交的资料真实有效，若提交的资料错误或变更，引起设计修改，须另付修改费。

2.在合同履行期间，甲方要求终止或解除合同，甲方应书面通知乙方，乙方未开始设计工作的，不退还甲方已付的定金;已开始设计的，甲方应根据乙方已进行的实际工作量，不足一半时，按该阶段设计费的一半支付;超过一半时，按该阶段设计费的全部支付。

3.事先经甲乙双方确认的方案，在施工中途甲方提出2次以上的修改，乙方工作量相应增加设计费。

4.对未经甲方确认的，或未付清设计费的图纸均不能外带。

5.施工中，甲方要求更改设计图纸必须经乙方同意。如甲方提出的修改图纸影响房屋结构或装修内部结构，乙方不同意修改，而甲方执意要改的，其一切后果均由甲方自负。

6.甲方有责任保护乙方的设计版权，未经乙方同意，甲方对乙方交付的设计文件不得向第三方转让或用于本合同外的项目，如发生以上情况，乙方有权按设计费双倍收取违约金。

7.负责承担要求设计师外出考察或选料时所需的出差费用。

8.凡甲方在设计图纸上签字或付清全部设计费后三天内未提出异议者均作为甲方对设计图纸的签收和确认。

（二）乙方责任

1.乙方按本合同约定向甲方交付设计文件。

2.乙方对设计文件出现的错误负责修改。由于乙方设计错误造成工程质量事故损失，乙方除负责采取补救措施外，应免收受损失部分的设计费。

3. 合同生效后，乙方要求终止或解除合同，乙方应双倍返还设计定金。

4. 乙方负责向甲方施工时解释图纸和协助解决技术上的疑难问题。

四、其他

1. 本合同中所称室内装修设计系解决功能，艺术性的“形”的设计，而不含原有建筑构造的安全鉴定，及其构造变更后的加固和技术措施。若业主需要应另行委托设计。

2. 凡本设计在实施前甲方或施工企业均应按规定办理有关审批手续，并应遵循相关规范与要求。若有差异均应以规范或审批结论为准，否则乙方不承担责任。甲方或施工企业在实施前均应与设计师进行图纸交底，凡未会审交底而进入施工所产生的一切问题均与乙方无关。

3. 如本设计项目非本公司施工的，由于甲方所请施工公司或施工队不理解图纸而需乙方多次到施工现场的，市区内甲方应支付乙方_______元/次的外出费，市区外甲方应支付乙方_______元/次的外出费，甲方承担交通费及旅差费。

4. 对甲方提出的违反设计规范的建议及要求，乙方有权不予采纳，如甲方要求乙方强制采纳设计的，乙方不承担由此引起的一切后果。

5. 本合同在履行过程中发生纠纷，委托方与设计方应及时协商解决。协商不成的，可诉请_______人民法院解决。

6. 本合同未尽事宜，双方可签订补充协议作为附件，补充协议与本合同具有同等效力。

7. 本合同一式两份，甲乙双方各执一份，本协议履行完后自行终止。

甲方（盖章）：____________________　　乙方（盖章）：____________________

甲方代表签名：____________________　　乙方代表签名：____________________

电话：____________________　　电话：____________________

地址：____________________　　地址：____________________

日期：_____年_____月_____日　　日期：_____年_____月_____日

工 作 进 度 表

工作内容	工期	月日	月日	月日	月日	月日	月日	月日	月日	月日	月日	月日	月日	月日	月日	月日	月日	月日	月日	月日	月日	月日	月日	月日
项目接洽	1																							
现场勘察	1																							
需求分析	2																							
意向拼图	1																							
平面规划	3																							
提案制作	3																							
空间规划	3																							
陈列规划	3																							
场景模拟	4																							
成果文件	3																							
材料选择	5																							
工艺设计	5																							
施工交底	1																							
施工协调	45																							
软装布置	-																							
项目总结	1																							

图2-1-13 工作进度表

（二）绘制工作进度表

1.制定工作进度表

在接洽之后，作为一名职业的设计师，应制定出合理的工作进度表，确立整套的工作计划，把自己的底线设定清楚，随时检验是不是偏离了原有目标。同时也让业主清楚知道大致勘察、提案、方案、深化、施工、验收的时间节点，以便做好相应配合工作。

2.工作进度表的内容及注意事项

工作进度表一般是按照业务流程来确定时间安排。业务流程一般以项目接洽为起点，主要经过以下几个过程：项目接洽→现场勘察→需求分析→意向拼图→平面规划→提案制作→空间规划→陈列规划→场景模拟→成果文件整理→材料选择→工艺设计→施工交底→施工协调（会有专项进度表）→软装布置→项目总结。设计时间因不同项目、不同设计师、不同业主、不同要求出入会比较大，但是一般都在10天到60天之内完成。

在做工作进度表时，除了考虑设计本身时间外，还需要配合业主要求，与其他工作时间避让，要尽量留够时间以免陷入被动状态等。有时业主并未提出进度问题，并非业主不注重交图时间，有时只是因为在阶段上或经济上考虑。作为一项商业活动，设计与工程是按阶段进行收费，若是没有明确的工作进度表，业主将不知何时该交设计费用，不利于后期工作开展。

3.工作进度表样例

为了更为具体地描述工作进度表，我们以一个典型家装工作进度表进行介绍（如图2-1-13）。

（三）制定项目任务书

1.项目任务书的内容

项目任务书因不同企业、不同业主、不同要求形式会有所不同。写得详细、正规的任务书，一般都会包括项目名称、项目地点、项目概况、项目工作内容及范围、时间要求、居住者信息、艺术风格倾向、预算投入等。

家装项目名称一般以小区名称加住宅号码加业主姓名组成，如绿城·百合公寓2#307王先生住宅设计，当项目较多或较熟悉时也可以简称为绿城·百合公寓2#307或王先生住宅。

项目地点主要指项目的地理位置、周边环境以及项目在建筑中的位置。如项目位于合作化南路绿城·百合公寓，北近景观大道黄山路，毗邻中国科技大学、安徽大学、电子工程学院等著名高校；占地约148亩，总建筑面积约25万平方米，绿化率70%，车位配比率100%。内设有会所、双语幼儿园、室外和室内双泳池等多项现代生活和文化休闲配套设施；园区有半数的高层公寓底层架空、精装修并引入自然景观；园区为大多数住户配备了户式中央空调及三相电；并集中配置了先进的安防及智能化系统等，是安徽省内顶级住宅小区的功能、设施及配套水准。

项目概况指项目的基本情况，包括使用年限、结构、通风、采光、装修基础等。如绿城·百合公寓初阳苑2号楼307属于小区一期工程， 2007年交付，建筑面积104平方米，高层框架结构，南北通透，因楼层较低，房间较暗，目前属于二手房简装，需要把原有部分地面墙外拆除重装。

项目工作内容及范围指的是通过设计与施工，业主希望达到的具体功能目标：如满足一家三口正常居住；能有足够的贮存空间；有较大的工作场地；书房能够满足两人同时工作或学习；厨房有放置烤箱、双门冰箱位置；阳台有较大绿植空间，可置放摇椅和茶几；可以在多个房间同时听音乐等。

时间要求指的是方案设计时间、施工开始及结束时间、入住时间等，并最好以图表形式体现出来，标明时间节点。

居住者信息一般包括常住人口的具体信息和非常住人口的基本信息，如年龄、职业、性格、爱好、收入等，细节要尽量丰富。

艺术风格倾向主要是指业主表现出的对于某一种风格流派的喜好与向往，愿意在项目中进行尝试使用。如业主喜爱田园风格，希望在房间中营造出一种轻松、自在的感觉，可以多用一些原木、石材、布艺、竹藤等原生态材料等。

预算投入指的是业主对于工程投资额的限定。如有的业主把基础装修的费用限定为10万元，后期家具、电器、灯具、软装配饰只购买必需的基础部分。

2.项目任务书的确立

项目任务书是在项目接洽的基础上，将设计师与业主沟通的结果归纳总结，所形成的项目基本情况与要求，以备以后设计过程中查证原始要求。这是整个设计项目的原始依据，也是未来解决争议时的有力证据。

3.项目任务书样例

项目任务书

（1）项目名称

滨湖假日·枫丹苑10#503王公馆

（2）项目地点

滨湖假日·枫丹苑位于合肥市紫云路与庐州大道交汇处，西靠屯溪路小学、46中；南邻塘西河公园和金牛公园；西邻京台高速；北部为滨湖会展中心；距地铁1号线步行十分钟；距安徽省政府十分钟车程；周围配套设施齐全，地理位置优越。

（3）项目现状

滨湖假日·枫丹苑有高层住宅和多层住宅，本项目属于多层顶层带跃层，建筑面积330m²，属于框架剪力墙结构，南北通透，两梯两户花园洋房。可以对远处公园一览无余。

（4）时间要求

业主要求做细一些，时间可以慢慢来。要求在2016年5月完成施工，争取8月中旬入住。

（5）居住者信息

常住人口信息（如图2-1-14）

非常住人口主要有男主人父母、女主人父母、小时工、往来朋友等。

（6）项目功能要求

居住空间设计与装修：简装

玄关：门外有一定更衣贮物空间；进门有停留更衣贮物空间；

卫生间：一层满足家庭成员及访客的基本需要；二层满足个性化需要；

起居室：接待访客及家庭活动；满足简单的视听需求；满足简单的阅读需求；

餐厅：满足家庭成员共同用餐及偶尔的小型聚会用餐；

厨房：满足家庭或好友聚会时的烹饪需求；

卧室：满足所有家庭成员睡眠、休息的需要；

儿童房：满足宝贝休息、学习、玩耍的需要；

客房：考虑朋友留宿；

常住人口信息

项目	男主人	女主人	女儿
年龄	39	37	5
职业	政府公务人员 财政局中层干部	政府公务人员 中层干部	幼儿园中班
性格特点	豁达、重视生活	开朗，工作忙碌	活泼，个性十足
业余爱好	喜田园之乐	简单生活	看奇虎
颜色喜好	纯色	木质色	
对住宅要求	简洁；实用； 能够有较多种植空间	实用； 能够利用旧家具； 生活方便	

图2-1-14 常住人口信息

二层露台：洗衣及晾晒衣服，休闲区域，有一定种植空间；

结构改造：将楼梯移至北向露台，一层悬空搭设结构钢架变为二层休闲区；

其他：根据不同需要可以自行增加特殊功能区域或独立房间。

（7）风格倾向

简洁、时尚、工艺精良、结构牢固。

（8）色彩倾向

以浅色调为主，能与实木色协调。

（9）材质倾向

家具将来以实木为主，其他内容要与之协调。

（10）预算倾向

要求基础改建做好做到位，装修可以适当简单一些，没有提明确价格。

小贴士

在设计定位阶段，会比较多的与业主进行沟通与洽谈，需要认真做好记录，重要的还需要参与洽谈与沟通的人员签字确认，并进行归档保存，作为后期设计和争议的依据。

现场测量时参与项目的人员最好全部出席，以防止后期沟通方面出现不理解、不到位的情况。

设计委托合同里一般会清楚标明设计内容、时间要求、费用数额、结算方式，这是业主与设计师双方权限保护的一项有利依据，应尽量签订。

居住
空间

第二节
设计概念

【本节内容】 需求分析；设计准备；功能分区；概念生成；设计提案

【训练目标】 了解需求分析的内容；掌握将需求转化为设计元素的程序；明晰功能分区的原则与方法；能够依据前期内容完成平面布置和意向拼图；能够顺利完成设计提案工作

【训练要求】 参与项目，以助手身份完成需求分析、功能分区、概念生成、设计提案等一系列过程，清楚设计概念的流程和工作方法

【训练时间】 20-24课时

在与业主深入沟通和现场勘察的基础上，设计师需要对设计项目做出周密的调查，归纳整理出业主的具体要求和期望目标，并以此为方向进行深入构思，做出合理的功能区域划分和流线布置，并细划为平面布置和空间拼图的初步方案概念，后期的深入设计都是以此为基础展开，因此需要将这些内容进行整理，向业主做出正式提案，以免差之毫厘，谬以千里，浪费资源，延误时机。

一、需求分析

同样一个居住空间，采用不同的设计思路会有不同的设计表现，虽然最终都有可能达到业主的要求，但什么才是最合适的方案，却是颇费脑筋的。因此在正式进入设计之前，一定要明确设计任务的方向。对设计项目进行深入认真的需求分析，往往会使设计取得成功并达到事半功倍的效果。

图2-2-1 思考与分析是设计的首要工作（思考者 法 罗丹）

（一）设计任务分析

1.居住者分析

在做居住空间设计之前，了解并分析“谁”在使用空间是设计的基本方向，它决定了居住空间的独特性。

了解居住空间使用者一般可以从文化、社会、个人、心理等四个方面来予以分析和界定（如图2-2-2）。

不同文化背景和社会阶层的居住者对于居住空间的需求是不同的，如欧式古典风格给人一种高贵典雅的感觉，却不是适合所有的人。有些业主选择欧式风格也不一定是喜欢这种格调，而是喜欢这种格调在外界所象征的身份和地位。这种情况会在特定的历史时期和特定的人群中出现，虽不是社会中的主流文化，却也具有一定的代表性，是一种亚文化现象。居住者本身因年龄、职业、经济条件和生活的个性差异，也会出现不同的设计。如年轻人多喜欢现代简约风格、淡雅的浅色调；年长的多喜用新中式风格，喜用实木材料和较大的贮藏空间；细腻的人多喜欢丰富的色彩和别致的造型，粗犷的人则常用几何形图案进行装饰。若是加上每个居住者的心理因素如感觉、信仰、爱好等，就会出现更多个性化的设计。

一个居住空间中有时并不仅限于一人，若是有可能，除了对当家人做深入分析外，还需要对空间中的每一个人都做好功课，以便做出更有针对性的个性化空间。

2.项目现场分析

调查与研究在“哪里”做项目是设计的立足点，它是设计的客观载体，所有发生的设计、沟通、方案、表现、施工等都是围绕它进行。对项目现场的分析一般多从户型、尺寸、设施、采光、通风、结构等多个方面进行展开。现场内容不同，设计的结果也不同。一般来说，小型的空间要尽量利用每一个角落和尺寸，尽量使每一个存在的内容都有其功能，并尽可能实现一物多用的效果；而大户型就可以做得从容一些，可以适当留一些空白，供休闲、娱乐、发呆；风景好、采光好的地方可以多安排一些停留活动空间如起居室、书房、主卧；卫生间、厨房必须置于通风良好的地方；框剪结构和框架结构中的部分砌体可以拆除重新规划，而砖混结构要尽量少拆墙、少动结构。

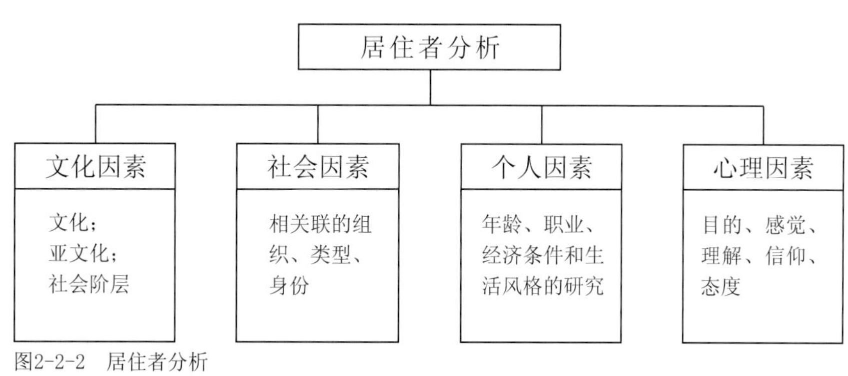

图2-2-2　居住者分析

3.目标功能的分析

功能是居住空间存在的价值，它是设计的目标，实现了目标功能的空间才是一个有意义的空间。

项目的目标功能理解常从起居室、餐厅、卧室、厨房、卫生间、阳台、玄关、贮藏室、书房等具体功能要求着手。设计师需要综合各方情况总结出各个功能空间所要达成的具体目的、所需要的面积、位置。如一个五口之家最好安排两个卫生间，以避免早上和晚上的洗漱冲突；一个有孩子上学的家庭最好为他准备一个单独的写字桌和书柜；学钢琴的孩子则需要提前为他预留一个放置钢琴的空间；南阳台最好同时兼顾晾晒功能；厨房较大可以适当预留一些现在虽不用但将来有可能用到的设备空间如烤箱、双门冰箱等；需要工作与学习空间但面积较小的户型可以使起居室兼具书写功能……

4.设计语汇分析

设计语汇是空间设计的外在表现，是空间呈现给外界的表面现象，主要体现为设计风格、形状图案、色彩色调、材质肌理等。

依据业主倾向，常选用的设计风格有现代风格、中式风格、欧式风格、地中海风格、田园风格等，每种风格均有常用的造型、材质、色彩、氛围，当确定好一种风格时，房间的整体造型、图案、色彩、材料、家具、陈设、氛围等都需要靠近这种风格，争取营造出一个较为统一的空间。形状表示特定事物或物质的一种存在或表现形式如正方形、圆形。现代风格多采用几何线形，给人一种简洁明快的感觉；中式风格多采用线条形实木，简化的传统图案；欧式风格多采用矩形边框；地中海风格里常看到拱形；田园风格多以有机形态为主要特征。色彩色调在居住空间中的表现比较丰富，年轻人的居所和采光不好的居所常采用浅色调高级灰的色彩体系，追求温馨气氛的多采用邻近的同色系暖色调；追求明快的一般会以浅色调为主色调，局部点缀以深色线条或装饰物。依据整体氛围和功能要求，材质是居住空间中变数较大的一个因素。现代明快的多采用光泽度好的无机材质；田园风格的多采用肌理感强的生态性有机材质；卫生间、厨房需要挑选耐污性好的材质；与人肌肤接触的多采用木质、布艺。

5.预算分析

经济基础决定上层建筑，预算不同，会直接影响设计的风格、工艺、选材、家具、陈设等内容。

预算较为宽裕的业务，设计师可以适当提高设计深度、材料品质、工艺选择、使用舒适度和空间氛围。相反，预算较为紧张的项目，设计师可以把相关内容适当降低，但一些涉及安全、结构的项目必须达到基本水平，不能为了省钱就随意使用劣质产品。同时要注意，对于设计空间来说，只有最合适的，没有最贵的，并不是只有贵的才能做好，价钱低做得好才能体现出一个专业设计师的真正水平。

（二）需求内容总结

在设计之前，每个业主都对自己的居住空间有一个梦想，这就是业主所需求的内容。按照需求的程度，主要分为必须具备的需求、希望能够达到的需求、超出预期的需求（如图2-2-3）。

1.必须达到的需求

必须达到的需求可以理解为一种必须达到的功能，这是业主能否接受设计方案的底线。若是设计师能够把这部分需求内容满足，便可以与业主接下来谈后续的事宜，否则，设计师便需要重新构思。

必须具备的需求常表现为一些具体的使用功能，如居住空间中需要合理安排卧室、客厅、餐厅、厨房、卫生间等功能性空间。每个功能性空间中要能合理安排相应家具与陈设，如卧室需要有床、衣柜，客厅需要有沙发、茶几，餐厅有餐桌椅、餐边柜，厨房有操作台、贮藏柜，卫生间有洗面台、马桶、淋浴等。

2.希望能够达到的需求

业主有对空间的想象，但并不容易达到。若是设计师通过多方努力完成了这部分需求，会使业主产生愉悦的感受。

如卧室隔音效果好，能够有深入的睡眠；客厅有适当的空间，方便音乐视听、家庭聚会、儿童游戏；门厅设置有一定革新，方便进出，又自成一体；厨房能够同时满足洗刷、切削、蒸煮、烹饪等多种家务功能等。

3.超出预期的需求

超出预期的需求是指业主客观和潜意识的需求，他们往往没有想到或不知道如何表达，甚至从来没有想到过，但当设计师考虑到这些方面需求时就可能会令业主非常兴奋。

常表现为专门为业主设计的书桌高度和造型等个性化的使用空间和色彩氛围；墙面可以兼作记事本和黑板，同时可以满足日常大事记录和儿童涂鸦等很有创意的想法；一个一般的家具不仅仅只有充分被使用的功能，更可以有记录了家人生活的点点滴滴等超出一般使用功能的特殊效果……

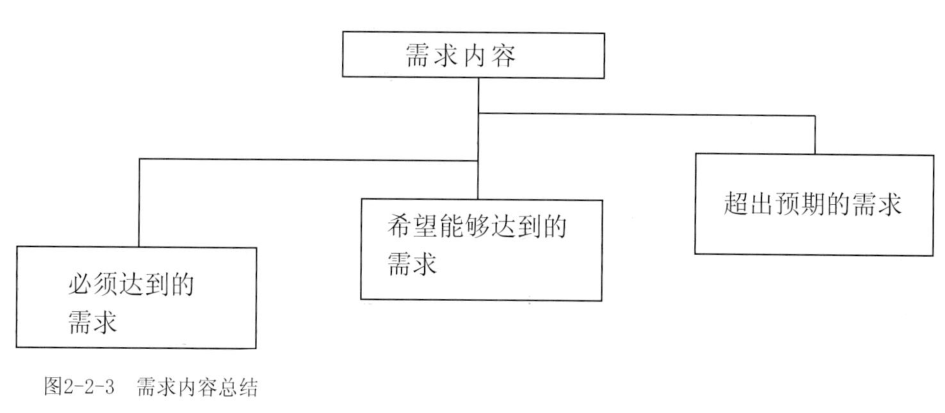

图2-2-3　需求内容总结

将需求转化为实现方式的示例（某起居室）

需求内容	达到需求的必要条件	实现方式	需求程度
方便亲朋洽谈	有多个座位 有放水果饮品台	多人座位沙发 茶几或桌子	必须达到
临时躺卧	有能供人躺的坐具	有宽800长1500以上的连体座位沙发	必须达到
儿童游戏	有一定场地	有方便移动的沙发，通过轻松移动可以获得一定空间场地	超出预期
孩子写作业	有矮桌子和小板凳	茶几式桌子，下放置小板凳	希望达到
儿童涂鸦	有涂鸦板或黑板墙	墙上局部做成黑板贴	超出预期
可以直接坐地上	地板不能太凉	木地板或织物地垫	必须达到
看电视	有电视位置	电视墙	希望达到
听音乐	有音响位置	局部较低的电视柜放置音响	希望达到
能够简单贮物	有可贮物的柜子	电视柜，茶几式桌子	必须达到
能够使用笔记本	有放笔记本的托台	茶几，沙发上的宽平台扶手	超出预期
上网	有上网设施	有路由器放置处	必须达到
……			

图2-2-4 将需求转化为实现方式的示例（某起居室）

（三）需求内容转化为实现方式

1.需求转化为实现方式的方法

当明确了业主需求内容之后，接下来就是将这种需求转化到设计中去，这个过程常常需要三个步骤：第一步，列举需求内容，并用具体的可视化的语言清晰地描述出来；第二步，陈述达到需求所需要的必要条件，也就是说要达到设计需求，需要有哪些必要条件才能实现；第三步，总结转化后的设计元素形态，把能够满足设计必要条件的各种实现可能一一列出。简言之，就是：需求内容→达到需求的必要条件→可能的实现方式。有时我们还需要标注一下需求程度，以帮助设计师在必须实现还是尽可能实现之间做出取舍。

2.需求转化为实现方式的样例

如图2-2-4。

二、设计准备

（一）了解设计中的制约因素

在设计中，有些雷线是我们不能轻易踏过的，不然轻则做的功夫白费，重则还要承担因此所产生的不良后果。

1.设计规范制约

设计规范是设计的法定依据，只有掌握设计规范的要点，设计师才能依据准则扩展其变化。居住空间设计属于建筑设计的一部分，应符合建筑设计的总体规范，并需符合下列要求：

家居住宅设计一般不承担外立面装饰设计，不得变更建筑的外立面；家居住宅设计所形成的使用荷载应在结构所允许的范围内；家居住宅室内设计严禁破坏房屋承重结构，且严禁在承重墙上随意开洞，不得随意拆迁承重墙。若有变更，必须经原设计单位签字认可并存档；家居住宅室内设计不得减少原建筑安全出口、疏散走道、楼梯设计所需的净宽度和数量；家居住宅室内设计不得破坏竖向管道及井道，且不得改变其使用功能；卫生间不应布置在下层住户厨房、卧室、起居室和餐厅的上层。当布置在下层套内其他房间的上层时，应采取防水、隔声和便于检修的措施；有一定重量的饰物、吊灯、吊柜以及其他悬挂物件，均应与房屋直接连接，安装牢固。

2.材料制约

住宅装修需要依靠材料实施，需要重点关注材料的防火、环保、市场和价格等因素。

住宅的各个功能空间应根据不同防火等级要求选择相应的燃烧性能等级的材料，并应符合GB50222-2015《建筑内部装修设计防火规范》，高层建筑应符合GB50016-2014《建筑设计防火规范》。

装修材料应选择健康环保绿色材料，并应符合GB50325-2014《民用建筑工程室内环境污染控制规范》和国家《室内建筑装饰装修材料有害物质限量》十个标准的要求。

设计师平时需要多跑跑建材市场，了解现在常用的材料及相应价格，在设计中选材尽量选择本地材料，以免材料不全或运费问题造成不应有的负担。

3.尺度制约

居住空间设计必须考虑到人和人际交往活动所需的空间尺寸、家具设施的形体尺寸等内容，应为人们在室内的各种正常活动留出足够的空间。因此，将项目空间中所能使用到的单元空间所需的基本尺寸加以收集整理，作为最低限度的空间合理使用条件值，未来设计过程中不应低于最低标准条件。常用的有起居室（客厅）人体工程尺寸、餐厅人体工程尺寸、卧室人体工程尺寸、厨房人体工程尺寸、卫生间人体工程尺寸等（如图2-2-5、图2-2-6、图2-2-7、图2-2-8、图2-2-9、图2-2-10、图2-2-11、图2-2-12、图2-2-13）。

备注：本书中除特别注明外，单位一律为mm。

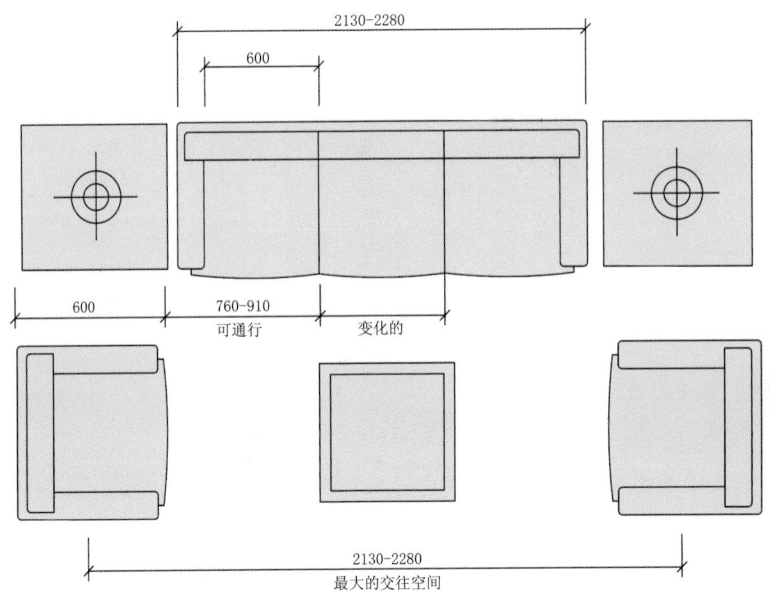

图2-2-5 起居室家具之间的布置尺寸

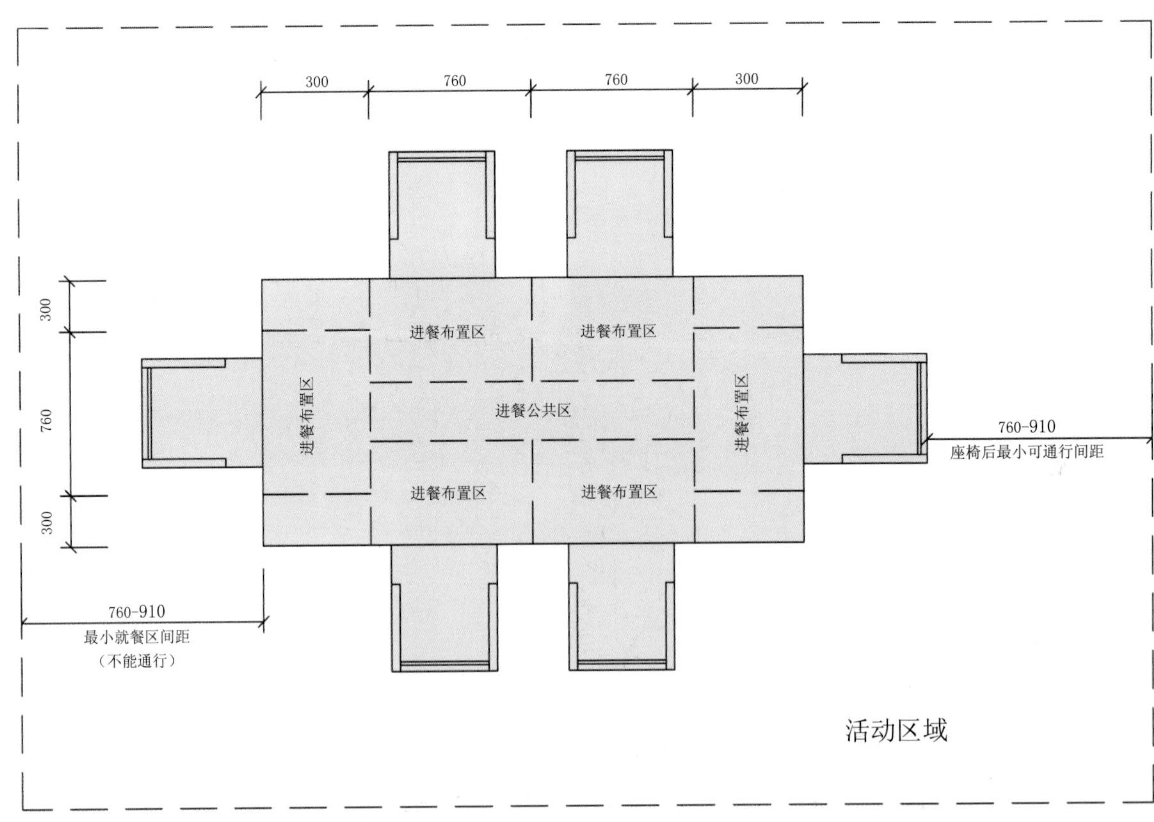

图2-2-6 餐桌布置区域

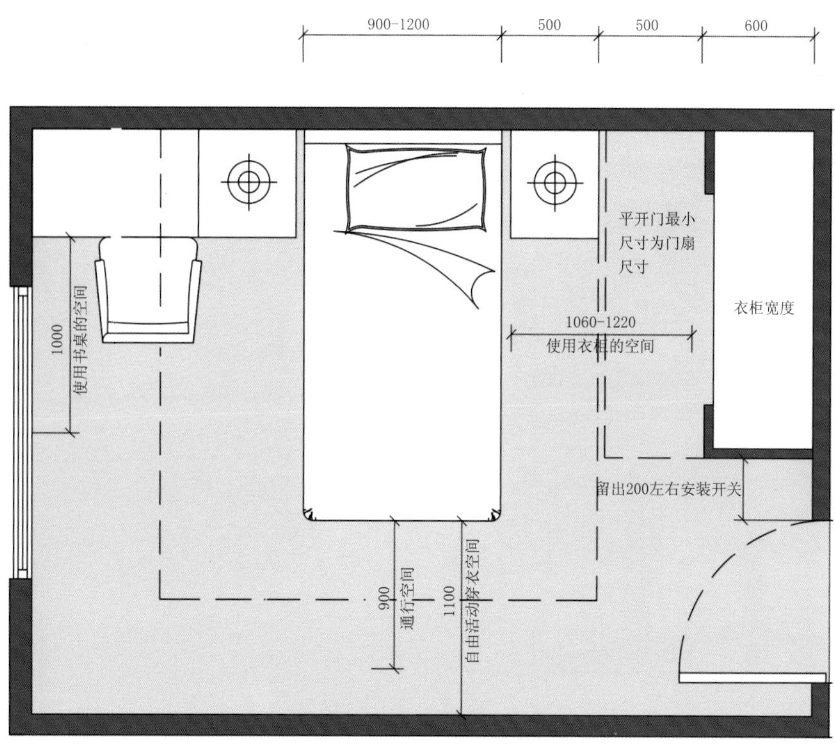

图2-2-7 单人房就寝、起居活动尺寸

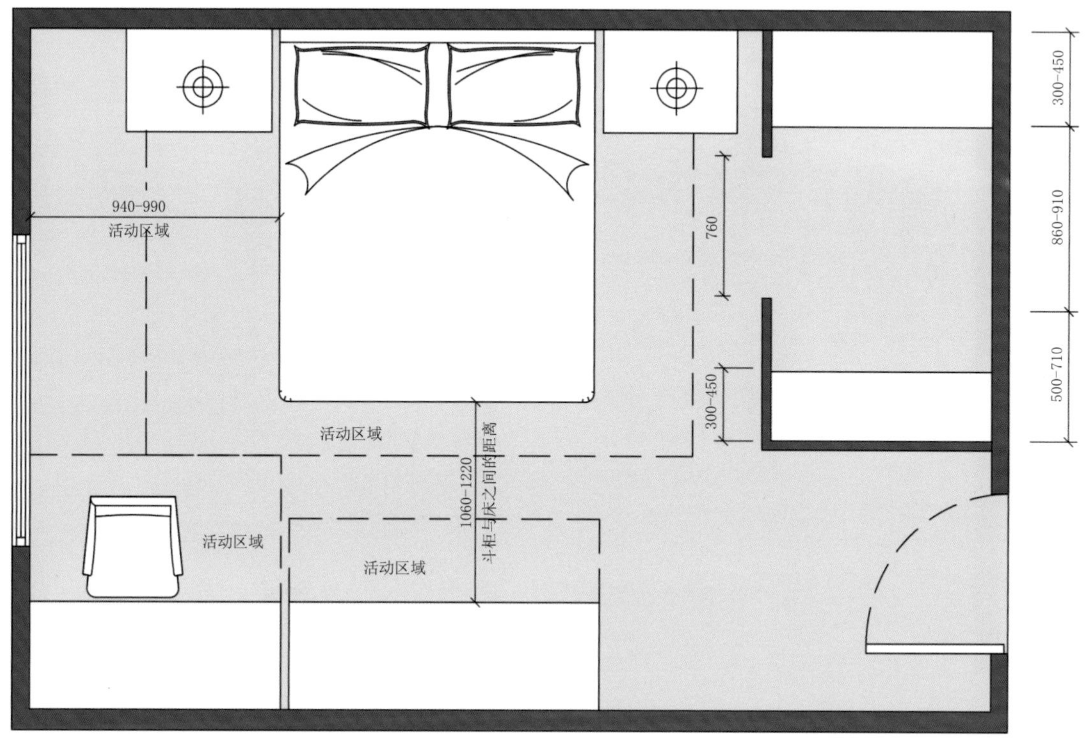

图2-2-8 双人房活动区域尺寸

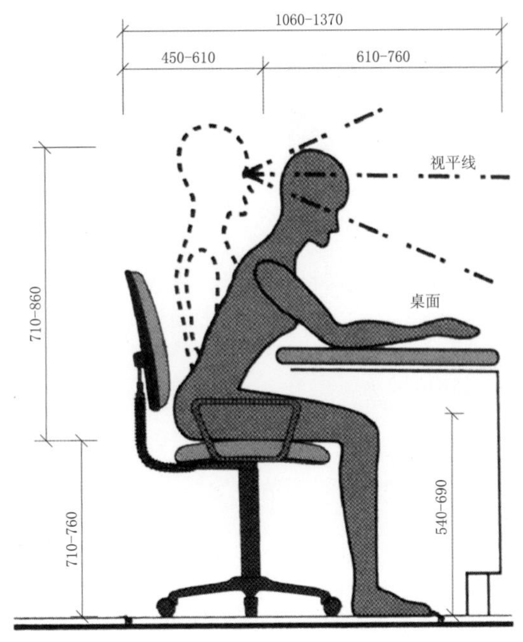

图2-2-9 书桌尺寸

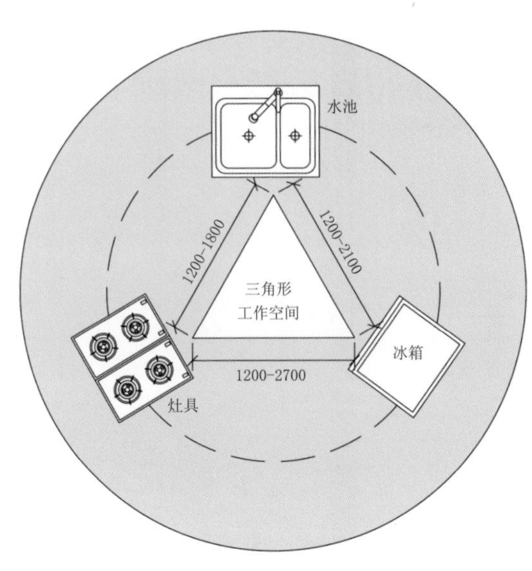

图2-2-10 厨房工作空间尺寸

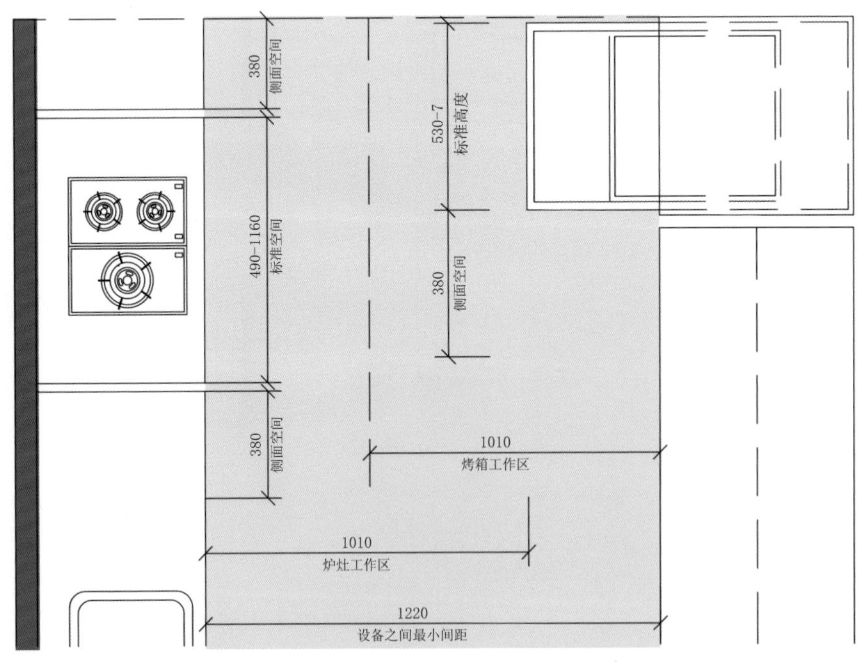

图2-2-11 厨房烹饪区布置尺寸

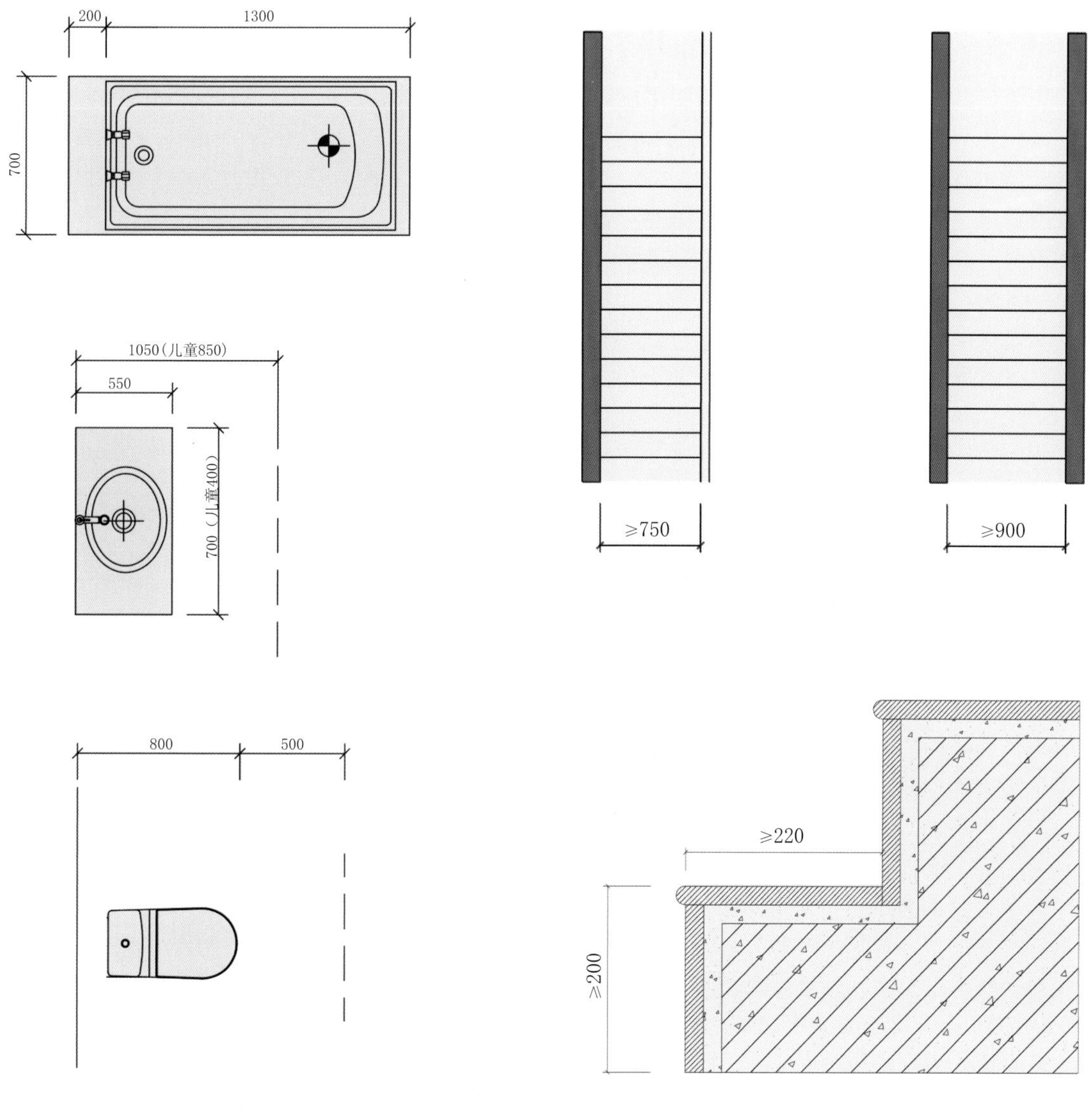

图2-2-12 卫生间设备布置区域

图2-2-13 楼梯的尺寸

（二）定向资料收集与整理

作为一个职业设计师，在参与项目时需要多做研究；与客户、材料商、施工单位交流时多积累经验；扩大相关书籍、文件、记录、规范的阅读量；通过这些努力有意识地养成收集资料的习惯。这样当收集的资料越来越多、越来越细、越来越丰富之后，就越有可能打开思路、丰富细节，建立清晰合理的设计概念。需求分析之后，设计师就可以从这些以往的资料储备中，迅速找到与设计项目相关的参考资料，常分为意向图片和类似案例。

1.意向图片收集与筛选

设计本身就是一个选择的过程，意向图片指的就是经过筛选的能表达或说明设计意图的图片。对于设计师来说，只要能触发灵感或启发设计的内容哪怕只是相关的一点氛围、图腾、风景、布艺、色彩都可以作为意向图片收集，然后再进行复杂的消化与分析，设计师的创造力往往就从这里开始，因此，设计师所收集的资料不拘形式、多多益善。但对于一般业主来讲，意向图片只局限于类似空间的具体意向图片，所以给业主看的资料最好都经过归纳整理，分成具体的平面布置意向图、空间意向图（可细分为起居室、餐厅、卧室等功能空间）、材质意向图、色彩意象图、家具与陈设意向图等。

2.类似案例收集与筛选

虽然每一个居住空间都不一样，但户型、风格、价位相似的案例却有很多。设计师应该运用自己敏锐的嗅觉和观察力对同类型的设计案例做一番调查和研究，分析其空间布局形式和功能关系、材料的特点和规格、空间光色处理方式以及家具的陈设和选用等，借以启发自己的思路。

三、功能分区

（一）功能需求与功能空间

1.常见的功能需求与特定功能空间

居住空间作为人生1/3时间以上的活动空间，需要满足居住者一系列的功能需求，具体内容有睡眠——包括躺卧、休息、睡眠等；洗漱——包括洗面、沐浴、化妆、更衣等；家务——包括打扫卫生、收拾房间、整理衣物、洗衣、做饭、修补、育儿等；餐饮——包括吃饭、喝茶、饮酒等；社交——包括谈话、聚会、游戏、娱乐等；学习——包括读书、写作、手工、弹琴、工作等；娱乐消遣——包括养花、植草、园艺、饲养、打牌等；移动——包括移动、通行、出入等。

居住空间按照其主要功能，常分为起居室（客厅）、餐厅、厨房、卧室、书房、阳台、卫生间、门厅、入户花园、过道、棋牌室、院落等功能空间。

接到设计项目后，设计师可以通过归纳整理，把业主的功能需求一一罗列出来，注明功能需求的强烈程度：必须具备、可以具备。必须具备指无论如何，这个空间的功能必须安排，如卫生间；可以具备指的是具备这个功能会丰富设计效果，没有这个功能也不影响空间功能的使用，如书房。然后把这些需求合理布置在功能空间里。

2.空间需求表

如图2-2-14。

空间功能需求表

需求内容		功能空间												
大分类	小分类	卫浴间	厨房	储藏空间	门厅	走廊	整体浴室	卧室	书房	餐厅	起居室	起居室餐厅	阳台	庭院
睡眠	躺卧							■						
	休息							■			■	■		
	睡眠							■						
洗漱	沐浴	■					■							
	洗面	■					■							
	化妆	■					■	■						
	更衣	■						■						
家务	育儿	■						■			■	■		
	打扫卫生	■	■	■	■	■	■	■	■	■	■	■	■	■
	洗涤、熨衣	■												
	修补衣服							■		■	■	■		
	收拾房间		■	■									■	■
	洗衣						■	■					■	■
	做饭		■										■	■
	整理衣物							■					■	
	晾晒												■	■
餐饮	吃饭									■		■	■	■
	喝茶、饮酒							■		■	■	■	■	■
社交	谈话									■	■	■	■	■
	会客									■	■	■		
	娱乐									■	■	■	■	■
	聚会									■	■	■		
	游戏									■	■	■		
学习	学习							■	■					
	工作							■	■		■			
	弹琴								■		■			
	读书								■		■			■
	电脑								■		■			
休闲	游戏								■	■	■	■		
	鉴赏								■					
	手工创作									■	■	■		
	读书读报									■	■	■	■	■
	园艺												■	■
	养花											■	■	■
	植草											■	■	■
	饲养												■	■
	打牌										■			
移动	搬运					■							■	■
	通行					■							■	■
	出入				■								■	■

图2-2-14 空间功能需求表

（二）功能区域划分原则

1.动静分区、主次分明

住宅的功能虽然繁多，但若是以人的行为特点来划分，大多可以分为动区和静区两个部分。

动区指人的动态活动较多的区域，一般是以家庭公共需要为对象的综合活动场所，是一个与家人共享天伦之乐兼与亲友联谊情感的日常聚会的空间。人们在这里看电视、听音乐、谈天说地、烹饪清洗、娱乐及儿童游戏，给人一种很热闹活跃的感觉。因此，多安排在靠近门口的区域。

静区指人的动态活动较少，较为安静的区域。它是满足家庭成员个体需求、独自进行私密行为的空间。设置私密性空间是家庭和谐的重要基础，可以使家庭成员之间在亲密关系之外保持适度的距离，促进家庭成员维护必要的自由和尊严，解除精神负担和心理压力，获得自由抒发的乐趣和自我表现的满足，避免无端的干扰，进而促进家庭情谊的和谐。私密性空间主要包括卧室、书房和卫生间（浴室）等处。卧室和卫生间（浴室）是供个人休息、睡眠、梳妆、更衣、沐浴等活动和生活的私密性空间，其特点是针对多数人的共同需要，根据个体生理和心理差异，根据个体的爱好和格调而设计；书房和工作间是个人工作、思考等突出独自行为的空间，其特点是针对个体的特殊需要，根据个体的性别、年龄、性格、喜好等个别因素而设计。

2.功能完备、组织丰富

随着社会的发展，人们对于居住空间的功能提出了越来越多的要求，要求居住空间成为一个集睡眠、休息、娱乐、工作、学习、清洁、烹饪、种植、储藏、聚会、展示等多种功能于一体的综合性场所。这就要求设计师有丰富的生活经验和现场感受，能够全面考虑到业主的各项生活需求，并为之做好合理规划。功能多样化的同时，也带动了空间组织方式的日渐丰富，设计师在组织空间时要在形态层次上增加变化，在水平方向和垂直方向上不断丰富，产生更加动人的空间变化。

3.空间形状简单实用，使用效率高

居住空间的形状受结构、设施等方面的限制，且有着卧室、起居室、餐厅、卫生间等众多较为独立的功能空间，为了充分利用空间、提高使用效率、给居住者平稳的视觉感，居住空间的形状应尽量避免奇异的变化，多做一些规则的几何形，并尽量以矩形为主。

（三）功能分区

功能分区是居住空间设计中的重点，其目的是将人们在家庭中的生活行为进行合理的组织，既高效率地利用空间，又可将不同的空间行为之间不必要的干扰降到最低，并且方便人们的活动。

1.确定功能空间需求与目标场地清单

功能分区之前，首先需要将需求的设计元素、功能空间、现有场地等内容列出详细清单，以便设计师明确设计基础和设计目标。一般以功能需求清单、空间需求清单、现场测量图进行表现。

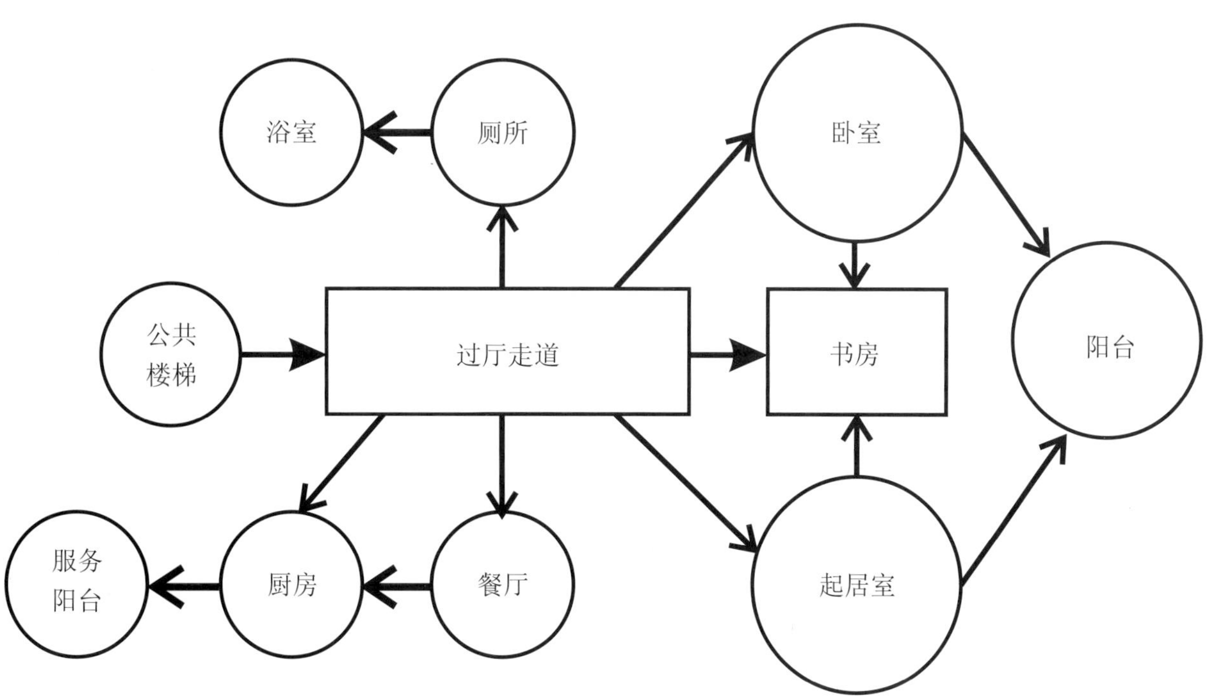

图2-2-15 常规住宅功能空间的组合关系

2.功能空间位置关系图

将各个功能空间安排在适当的位置，制定出合理的动线，是优良设计的基础。常以泡泡图表现（如图2-2-15）。

3.功能空间布置图

反复推敲调整好功能空间的关系与位置后，即可以正式绘出图纸，并在每个功能区的中心位置标明该功能区的名称，比如起居室、卧室等（如图2-2-16）；进而在此基础上再布置主要家具，形成功能空间布置图（如图 2-2-17）。

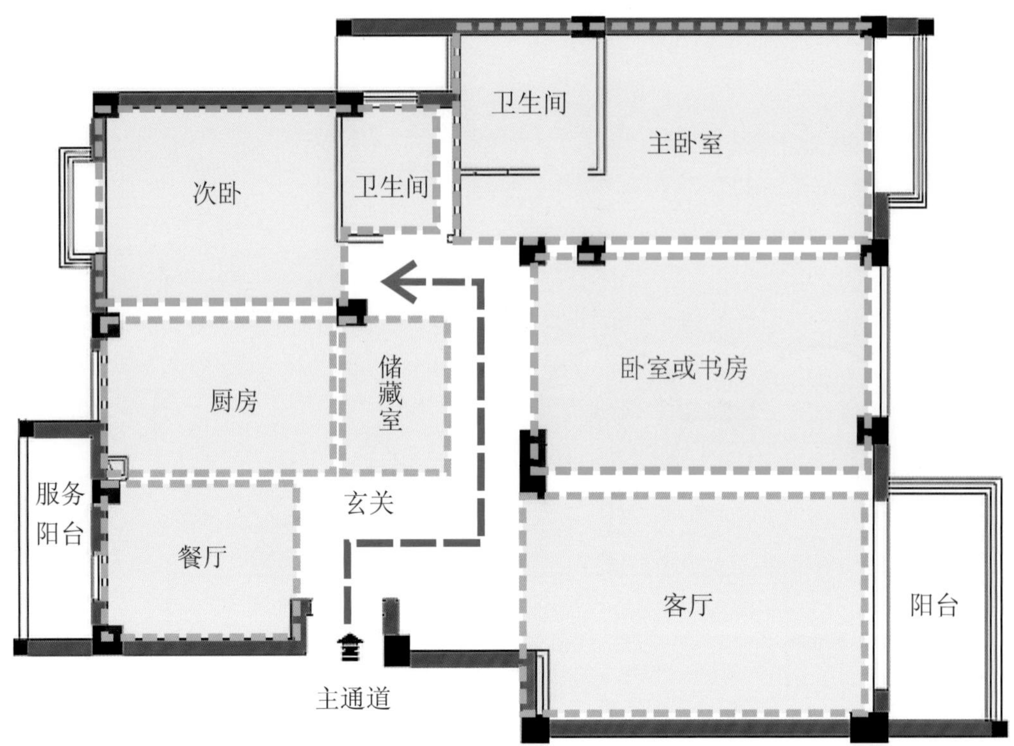

图2-2-16 功能空间分区图

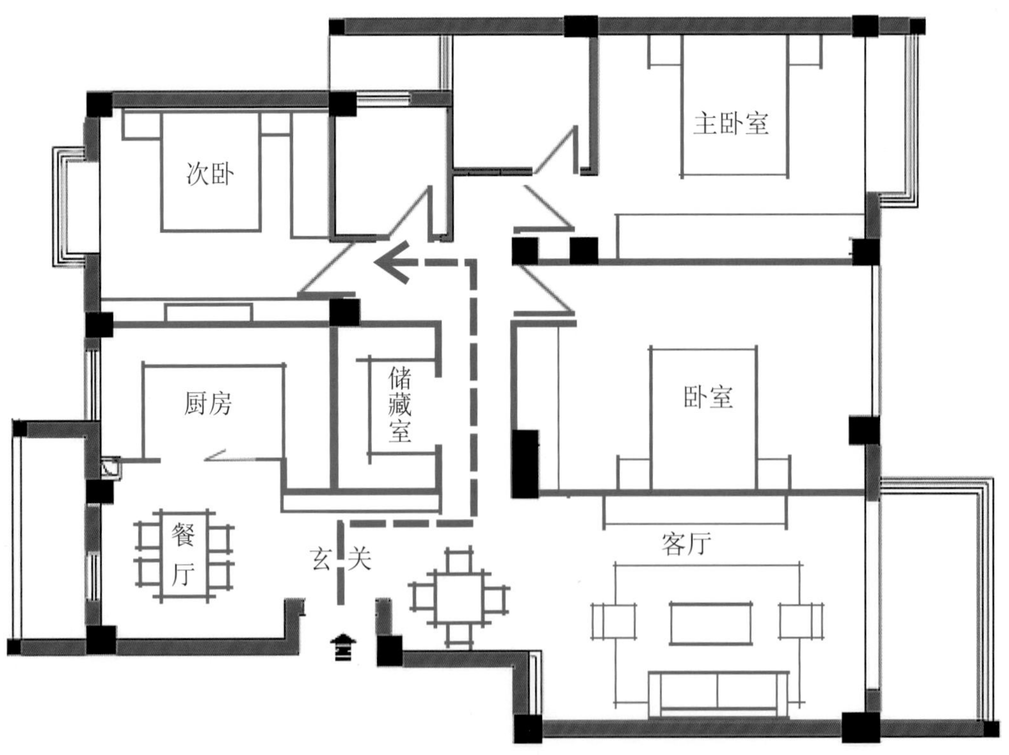

图2-2-17 功能空间布置图

图2-2-18 平面布置图示例

四、概念生成

（一）平面布置

1.平面方案

经过前期的需求分析和功能分区，设计师基本上可以解决空间配置和技术层面的问题，再经过设计师抽象的审美思维，就可以形成一个功能合理、形式美观的平面规划方案。平面规划方案是在功能分区的基础上，用正确的比例画出空间的结构框架，填充以完整的家具布置、门窗设备等细部内容并标注开间、进深主要尺寸，使其达到与外界交流的程度。平面规划图前期一般以手绘形式表现，这是一种快速捕捉设计灵感、迅速表达设计理念和设计想法的形式。当方案确定以后，再以CAD绘制出完整、客观的平面布置图。

2.检查与推敲

居住空间设计中平面布置要占整个比重的50%以上。合理的平面布置是接下来所有工作的基础，非常重要。因此，平面布置不会是一蹴而就，需要多个步骤多次推敲多次检验，需要反复检验平面布置是否弥补了房型的缺陷、是否充分利用了空间、是否合理地进行了分隔、家具布置是否协调、是否防火防盗卫生等一系列问题；同时还要注意人们在空间中的行为活动场所的基本尺寸和摆放固定家具的固有尺寸，确保空间能用、够用和适用（如图2-2-18）。

图2-2-19 意向拼图示例（某居室色彩倾向）

（二）意向拼图

1.什么是意向拼图

通过一系列的分析与研究，关于空间的设计与表现已在设计师头脑中形成，把这些能够表达空间意象的图片进行收集并表现于图面作业中，就完成了意向拼图的过程。意向拼图是设计师向业主汇报交流的依据，也是概念设计与方案深入设计之间的重要节点。

2.意向拼图案例

设计师对于空间的感受越深，想象的空间越是具体，空间的设计意向就会越明确，相应的意向拼图也就会越丰富和具有针对性。按照意向拼图的方向，设计师常从功能空间（细分为玄关、起居室、餐厅、主卧室等）、风格、色彩、材料与质感、家具与陈设等方面展开居住空间意向拼图的制作（如图2-2-19）。

图2-2-20　提案封面

五、设计提案

（一）提案前的准备

1.什么是提案

在没有进展到方案设计步骤时，设计师需要通过系列文件、演示PPT等较为简单易懂的形式，将项目的定位、设计的思想和方案的灵魂以通俗易懂、直观明了的方式（多数为图片）展现给客户，使业主清楚地知道未来成形作品大概的类型，这就是提案。

提案的形式一般可以分为两种，一种是由设计师面对面地将方案陈述给业主，并负责解说与引导。这种方式可以促进业主与设计师的思维碰撞，可以更直接地发现问题、解决问题，是正式提案中最常用的一种形式。有时设计师也会直接把提案提交给业主，设计师虽然没有当面解答，但接触方案的每一个人都能够明白设计师要表达的意图。有时业主与设计师沟通较为频繁，不一定每次都会面对面沟通，这时就可以采用这种以图示来说话的表达方式。采用这种方式时，业主与设计师一般在前期都有过较深入的沟通或者设计师做的方案客观深入、直观形象、容易理解。

2.提案制作

居住空间的概念生成之后，需要把之前研究的内容及下一步的工作内容以提案形式向业主汇报，以便及时修订方向并使业主做到心中有数。

首先是将设计思路进行整理，提炼出一个总的提纲，作为整个提案的一条主线。这需要设计师有清晰的思路、开阔的视野和丰富的专业积累。接下来就是围绕这条主线挑选合适的素材和表现方式进行制作。这个阶段会涉及平面排版、PPT制作、文案写作等方面的知识和内容。需要注意的是，提案是没有固定模板和固定格式的，需要设计师依据各种情况综合做出判断，制定个性化的表达思路和项目内容，站在业主的角度上，传达自己的设计思想。

3.提案样例

如图2-2-20至图2-2-30。

图2-2-21 平面布置意向图

图2-2-22 风格意向拼图

图2-2-23　色彩意向拼图

图2-2-24　材料意向拼图

图2-2-25　家具意向拼图

图2-2-26　灯具意向拼图

图2-2-27　陈列意向拼图

图2-2-28　客厅意向拼图

图2-2-29 餐厅意向拼图

图2-2-30 卧室意向拼图

（二）项目提案

1.提案的目的

提案是设计过程中非常重要的一个节点，一般常以参考图片、演示文件的方式存在，对设计师的概括能力、表达能力要求极高。它是继项目洽谈之后，设计师与业主之间又一次的正式见面与交流，需要再次郑重地挑选时间、地点、见面人物。不同的是项目接洽是以业主的陈述为主，设计师以获取项目信息为目的；提案是以设计师的陈述为主，设计师以获取业主反馈，进而取得下一步工作的支撑为目的。

2.提案的方法

提案是一个虚实结合的过程，设计师有时正面提出设计的思想；有时则用假动作去试探和观察业主的反应，揣测业主的想法。当提案符合业主需求时，提案会作为方案深入设计的基础和方向；当在提案过程中一旦发现方向有误或需要调整时，设计师也应及时回转或改变。初入行的人有时会以为设计师在一味地迎合业主，但做过几次就会发现，我们只不过是通过各种各样的碰撞去发现问题、解决问题，最终使设计师和业主相互契合，并能以专业的身份去引导业主、升华业主的想法，进而使后期的设计工作顺利发展。

3.提案后的成果

若是设计师有丰富的生活经验，并有充分细致的前期准备和定位，再加上业主的配合和一点幸运的话，提案一次就会通过；反之，任何地方出现问题，都有可能要很多次才能接近目标。无论如何，提案通过之后，设计师就可以开始后期的深入工作了。这个时候双方需要有一定的书面材料作为记录，没有签订合同的也要补签合同。

需要注意的是，提案的成果虽常常体现为幻灯片的形式，但其中的内容却涉及了多个程序的多项成果，是项目团队以自己专业知识加上辛苦劳作的结晶，是整个设计工作的根本。若是没有正式签约，尽量不要交给业主，以免自己的劳动成果被无端窃取，这是对自己工作成果的保障。

小贴士

设计概念阶段虽然在整个的项目成果中经常被覆盖，但却是整个项目的支撑。若是没有这个阶段的研究分析与概念，后期的成果就仿佛无根之木，随时可以被摧毁。

居住空间

第三节 设计方案

【本节内容】 功能空间设计；空间氛围设计；设计方案表达

【训练目标】 了解各个功能空间设计的注意事项；能够进行材质、色彩、照明等空间氛围设计；熟悉以可视化方式呈现方案设计的过程

【训练要求】 项目实训，能够完成项目的功能空间设计和空间氛围设计，并能以可视化的3Dmax效果图呈现方案内容

【训练时间】 28-36课时

如果说设计概念指明了设计的方向和骨架，那么设计方案就是设计的肌肉，需要用形象化、可视化的纸面效果表达出来，形成丰富饱满的视觉效果，它是一个由虚到实的技术落实过程。

一、功能空间设计

居住空间设计的首要任务，就是要营造出具有相应实用功能的各种空间，如玄关、起居室、厨房、餐厅、卧室、卫浴间、书房、储藏空间、阳台、走道及楼梯等，为个人生活和社交活动提供一个安静、舒适、便捷、充满情趣和个性化的栖息环境和精神氛围。

（一）门厅（玄关）

1.门厅功能分析

门厅，又叫过厅或玄关，虽然面积较小，但却是进出住宅的必经之地，连接着室内和室外两个部分。门厅作为住宅空间的起点，在设计中需要综合考虑其实用因素和心理状态，完成进出、迎客、换鞋、更衣、储藏等功能要求（如图2-3-1）。

2.门厅设计要点

门厅是给居住者和外来访客的第一印象，需要格外关注氛围的营造。由于门厅大多接近建筑楼梯，采光受限，多需要人工辅助照明，而照明就是一种最简易的气氛烘托方法。在门厅可以依据不同的位置合理安排吸顶灯、筒灯、射灯、轨道灯等，形成基础照明和焦点聚射，营造出温馨的格调。

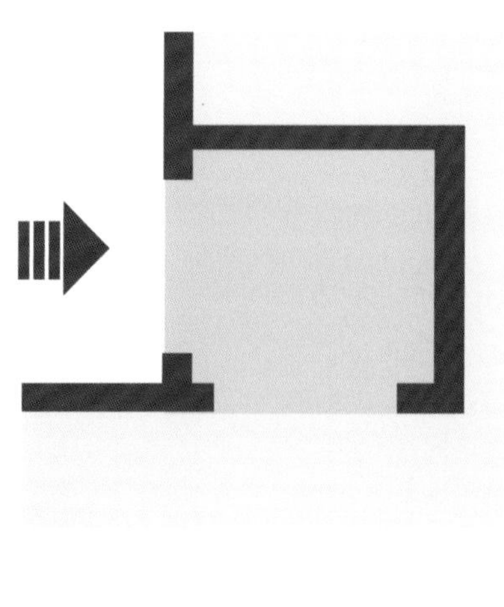

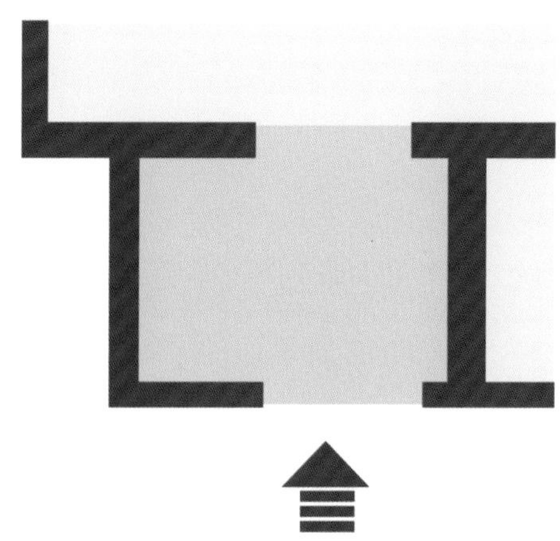

图2-3-2　门厅的常见布局
左下　室外单独的门厅
左上　室内单独的门厅
右上　室内相对独立的门厅
右下　室内通道式门厅

门厅连接着室外，需要有一定的私密性，最好在门厅和客厅之间树立一定的过渡或遮挡，避免进来的人一览无余地看到室内风景，这样的处理方式在增加空间层次感的同时，还可以起到一定的使用功能和装饰作用。当然这样的遮挡不一定完全遮住视线，可以采用漏空或半透明等半遮半掩的处理方式，既阻隔视线，又不影响采光。

门厅的储藏功能也需要特别加强，通道宽度以1.2m为下限，在交通顺畅的情况下，安排尽可能多的收纳空间不失为明智的选择。毕竟这里需要放置一家人常穿的鞋子、常用的雨伞和钥匙、背包等杂物，还要考虑外穿衣物的悬挂、整理仪容的镜子、放置儿童的玩具等。为了使外表清爽整洁，门厅家具尽量以密闭型空间为主，在增大贮存空间的同时，还可以美化空间（如图2-3-2）。为了防污、耐脏，门厅的地面常以大理石、瓷砖等耐磨损、耐撞击、易清洗的深色材料为主。

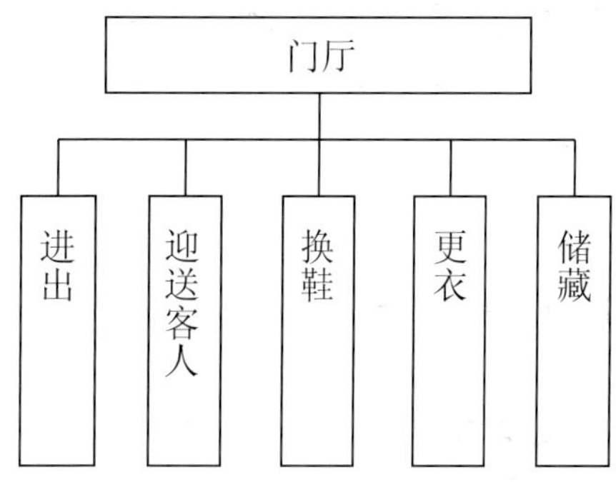

图2-3-1　门厅应满足的功能

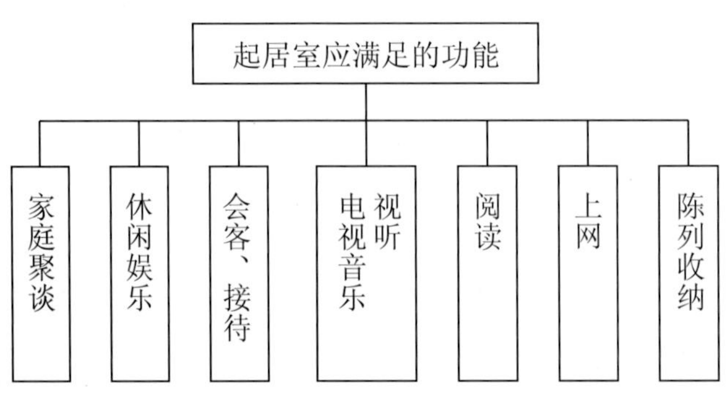

图2-3-3　起居室应满足的功能

（二）起居室（客厅）

1.起居室（客厅）功能分析

起居室是居住空间中的公共区域和家庭内部交往活动的主要场所，强调的是家庭的内部关系；而客厅通常指的是家庭和外部的社交关系。起居室和客厅虽然因为强调的方向不同而产生了两种称呼，但由于指的是室内同一场所，因此在绝大多数情况下，起居室与客厅是不分的，其功能是二者的综合。起居室是住宅内部活动最集中、使用频率最高的区域，当之无愧地成为居住空间的核心，被作为设计的重点来进行构思规划，并以此来带动整个空间环境风格、品位、气质的主基调。

作为室内空间中分量最重的起居室，需要满足的功能有很多，如家庭聚谈、休闲娱乐、会客、视听（看电视、听音乐）、阅读、上网、陈列收纳等(如图2-3-3）。

2.起居室（客厅）设计要点

起居室又被称为客厅，有对外展示家庭品位和业主社会地位的功能，因此常设在靠近入口、视野开阔、采光通风良好的地方做重点装饰。客厅还需要有一定的隐蔽性和安全感，因此外围多设置门厅或玄关将室内室外进行空间和视线分隔。客厅还应避免朝向内部卧室、卫生间门口，以免业主和访客双方尴尬，影响心情。

由于家具摆放的不同，起居室常呈现出不同的外部形态，常见的有L形、U形、分散式、相对式、一字形等平面布置形式(如图2-3-4）。L形有两个呈L形的实体墙面组成，是一种比较开敞的布置方式；相对式是将沙发放置在茶几两边，形成面对面交流的状态，多用于宽敞的空间；U形布局是目前常用的形态，沙发或椅子围绕茶几三面布置而成，开向对着电视背景墙；分散式是一种随意性较大的布局方式，业主可以依据自己的喜好按照最舒适、最便捷的方式进行个性化安排；一字形布局是沙发以一字形状靠墙布置，多用于面积较小的空间。

起居室是家庭的活动中心，使用频繁，客厅的归纳与打理便成为每天必做的工作，因此在设计起居室时，可以有意识地把视听柜做成储物空间丰富的矮柜、把茶几内腹做空贮物，把沙发的扶手、转角利用起来放置作为平台或抽屉等，这些都可以有效增加起居室的收纳功能，快速使杂乱的客厅恢复整洁。

图2-3-4　起居室常见的布局
上一　U形布局
上二　分散式布局
上三　L形布局
下一　一字形布局
下二　相对式布局

（三）厨房

1.厨房功能分析

民以食为天，时代发展至今天，厨房已从台后走向台前，成为住宅的重要组成部分，其设计已经影响到了整个家庭的生活状态。因此在厨房设计时，要综合考虑烹饪、清洗、储藏、烘烤和备餐等多种功能的实现（如图2-3-5）。

2.厨房设计要点

贮藏调配、清洗准备、烹饪是厨房中最重要的工作过程，因此厨房的布局常以这三者为中心形成一个连续的工作三角形。由于该三角的边长之和越小，人在厨房中所占用的时间就越少，劳动强度也就越低；因此三角形边长之和应尽可能降低；考虑到操作空间和流程，工作空间常具化为冰箱、清洗池、燃气灶为主的工作三角形，其边长之和多控制在3.5-6m之间。

现代厨房的设备较多，涉及抽油烟机、排气扇、燃气灶、电磁炉、烤箱、电饭煲、冰箱、洗碗机、热水器、咖啡机、面包机、破壁机等多种设备，在设计时需要详细了解这些设备的操作流程和规格尺寸，并要有意识地考虑以后有可能添置、修改的设备如单门变双门冰箱、插座增多等内容，预先做好规划，做出合理的空间布局。目前常见的厨房平面布局有I形平面布局、L形平面布局、U形平面布局、半岛形平面布局、岛形平面布局。

厨房的设计因空间封闭性的不同常有密闭式和开放式两种，面积足够大的厨房可以考虑密闭式、开放式相结合的布置。封闭式厨房以中餐为主，满足煎、炒、炸、炖的需要，开放式部分可以做些无烟式烹饪、备餐等内容，可以较好地提升做饭乐趣，促进家庭成员之间的交流（如图2-3-6）。

厨房的操作必然要用到水和火，因此要做好防水、防潮、防火、防污处理。地面一般略低于餐厅地面，采用防滑、耐污、易清洗的陶瓷块材地面；操作台面和墙面也常选择防水、防火、耐污的花岗石、瓷质材料；天花必然要用不燃材料如铝扣板等，禁用塑料、木材装饰。

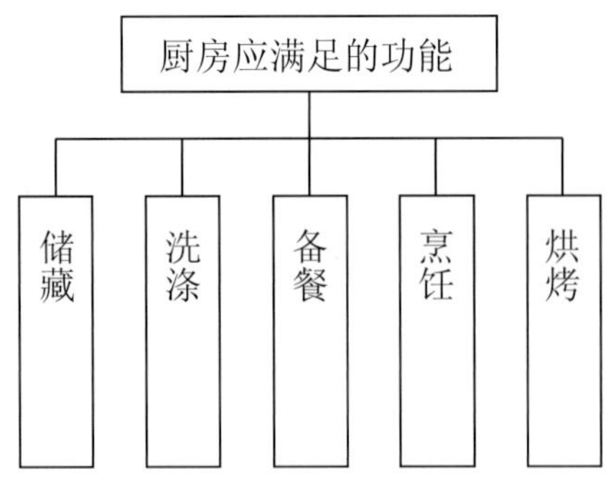

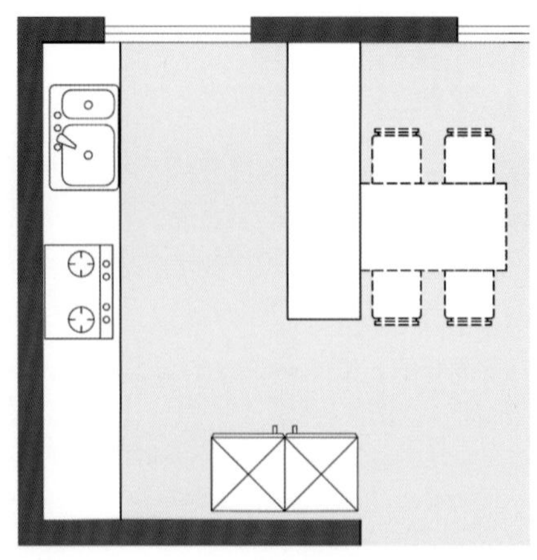

图2-3-5　厨房应满足的功能

图2-3-6　厨房常见的布局

左下　封闭型；右上　半封闭型；右下：开放型

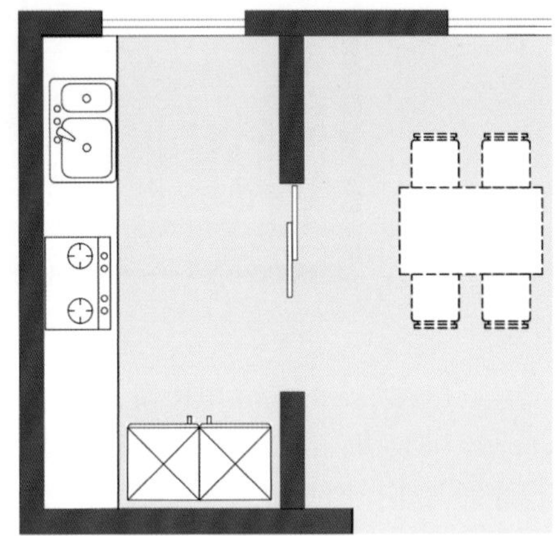

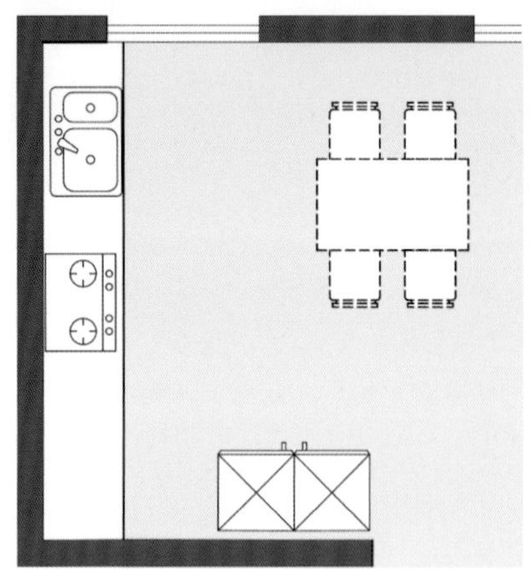

（四）餐厅

1.餐厅功能分析

就餐是人们生活中必不可少的基本生理需求，餐厅就是解决人们日常进餐和宴请亲友的活动空间，是家庭团聚最多的地方之一。在条件允许的情况下，每套居室都应设置一处独立的进餐空间，摆放餐桌、餐椅、吧台、餐边柜等家具，并尽量营造出便捷、卫生、舒适的餐厅环境和温馨高雅的生活氛围（如图2-3-7、图2-3-8）。

2.餐厅设计要点

餐厅常以餐桌为几何中心展开对称布置。由于中餐多采用围桌共食的就餐形式，故而餐桌以矩形和圆形为主。依据家庭日常进餐人数，餐厅常设置4人桌5-7㎡、6人桌10.4-14.9㎡，或6-8人桌10.4-14.9㎡。在餐室不足的情况下，也可以采用折叠式或多功能餐桌，以增加餐厅的机动性。

无论餐厅如何布置，其位置多数都居于厨房与起居室之间并靠近厨房的地方。一来可以节约食品供应时间，二来可以节省就座进餐的距离。在固定的餐厅之外，有时也会按不同时间、不同需要临时在阳台上、壁炉边、树荫下、庭院中布置各种形式的餐饮场所，以起到增加生活情趣的目的。

餐厅用餐环境应以温馨为主，尽量采用橙色、黄色等明朗、轻松的暖色调，配以显色性好的吊灯为主光源。温馨的环境可以舒缓心情，暖色调可以刺激用餐者的胃口，显色性好的光源可以更好地突出菜品的色泽与质感，总体给人以愉悦的感觉。有时可以适当地加些鲜花和绿植，以为餐厅注入生机和活力。

（五）卧室

1.卧室功能分析

卧室又称卧房，是使用者最私密的空间，因此通常安排在住宅的最里端，与客厅、餐厅等活动区域要保持一定的距离，以避免相互之间的干扰，确保其安静性和隐蔽性。卧室的设计必须以安全、私密、便利、舒适、健康为基础，睡眠和更衣是其要达到的最基本的功能。由于每个人的生活习惯不同，卧室也会兼具读书、看报、看电视、上网、化妆、健身、喝茶、储藏等多种功能（如图2-3-9）。

卧室按居住者身份不同，常分为主卧室、次卧室（子女房、佣人房、客房）、老人房，其设计表现虽倾向不同，但设计处理上又有很多相似之处。

2.卧室设计要点

卧室设计最重要的是提高空间的私密性和舒适性、注意安全、隔音和阻隔外来视线。因此，卧室应尽量布置在整套居住空间的边缘，与客厅、餐厅等群体活动区域分开，以确保其睡眠质量和心理需求。

卧室平面布置中最有分量的是床，使用的时间也最多，因此卧室平面布置是以床为中心进行展开。卧室中常用的床规格有1800*2100mm、1500*2100mm、1200*2100mm等，选择床的尺寸要大小合适，满足需要，又要和空间的比例协调。与床紧连的床头背景墙也是卧室设计中的重头戏，通过简洁的造型、丰富的色彩和质感，使床头背景墙错落有致并兼有一定的使用功能。为了健康，空调出风口要注意避免正对床头。

伴随着人们对居住环境要求的不断提高，卧室在为人们提供睡眠功能之外，开始更多的置入多种功能。如在墙边增设书桌增加阅读功能，扩大储藏间增加储物功能，加装视听设备或音箱放松心情，窗前放置躺椅放松心情。

卧室是最适合营造温馨浪漫气氛的场所。用色宜选用稳重的色调，以淡雅、宁静的暖色调为主，注意窗帘、床单、被罩色彩在丰富空间层次的同时要与墙顶、地的色彩协调统一。卧室的地面一般以具有保温性能的木地板、地毯为主。

卧室的种类很多，主卧室是房屋主人的私人生活空间，一般是业主夫妇居住，是重点装饰的项目；次卧室会根据家庭情形安排子女房或客房等，子女房的设计是一件非常考验设计师的工作，因为相对主卧室，子女房年龄变化较大、个性需求不一，在考虑身体健康的同时，还要考虑学习、游戏和兴趣爱好；老人房一般由家中老人居住，要切实考虑老年人的心理和生理特点，在通风、采光、家具舒适性等方面要做出特殊设计（如图2-3-10至图2-3-13）。

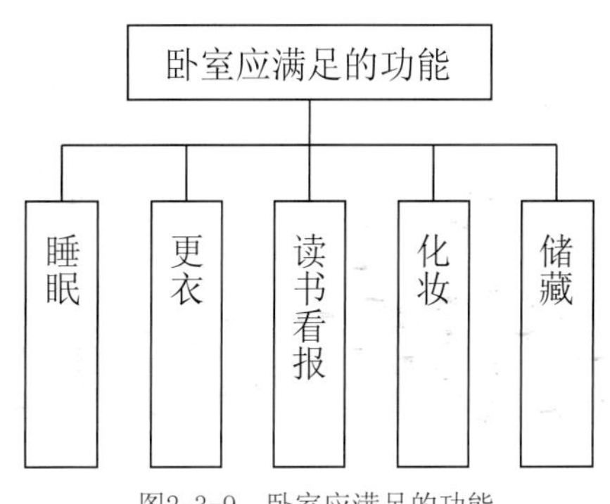

图2-3-9 卧室应满足的功能

图2-3-7 独立式餐厅

图2-3-8 开放式餐厅 ELLE DECOR 2013.5 P61

左上 图2-3-10 深圳香蜜湖
左下 图2-3-12 ELLE DECOR 2013.5 P207

右上 图2-3-11 多姆斯domus P113
右下 图2-3-13 ELLE DECOR 2013.5 P198

（六）卫浴间

1.卫浴间功能分析

卫浴间在居住空间中虽然不是很突出，但却有多样设备、多种功能，使用频率很高。一般来说，卫浴间常常是提供如厕、洗漱、淋浴、梳妆等生理需求的场所，有时还兼容洗衣、贮存等功能。随着我国生活水平的日益提高，现代卫浴空间已不再局限于单纯的卫浴功能，已成为兼具休闲、放松、健身、娱乐为一体的综合场所：加大窗户面积，将室外的阳光引入室内；在旁边和紧临处种植花草树木，赏心悦目的同时，也起到了视线遮挡的目的；沐缸也不再仅仅限于洗浴，加入了按摩、冲浪等功能；有些爱好音乐的业主还加入了音响系统；劳累了一天的人们在这里尽情放松，洗去心中的烦恼与疲惫，放飞好心情（如图2-3-14）。

2.卫浴间设计要点

卫浴间按照功能的不同常分为兼用型、独立型、折中型三种平面布置形式（如图2-3-15）。兼用型是指将浴缸、洗面、坐便集中放置在一个空间。优点是节省空间，缺点是不方便多人同时使用。独立型是指洗脸、卫浴间分离，各自独立。优点是两个功能可以同时使用，互不干扰；缺点是占用空间多、费用高。折中型兼顾了上述两种的优点，是指在一个空间内干湿分开，干区指洗面盆和坐便器；湿区指浴缸、淋浴，两者之间以隔断或浴帘分开。

卫生间设计要特别关注一些设施：要注意在测量前标注好排污、排水洞口的位置，不要随意改动洞口位置；卫生间开关、插座最好远离水源，并加设防水设施；地面要注意采用防滑地砖，以增加站立时的稳定性。卫生间也要多关注一些细节化设计，提高居住者的使用舒适度：如安装扶手和座椅，提升老年人使用的安全系数；在条件允许的情况下，加设小便斗、儿童马桶；加装暖气或浴霸，自由提升浴室温度。

卫生间是用水较多的区域，湿度较大，因此要重点做好防水防潮工作，以免造成不必要的损失，影响邻里关系。墙面1800㎜的空间基层要做好防水处理；地平面应向排水口倾斜，宜采用地砖、石材等具有防水、防潮、易清洁的材料；天花顶棚多用扣板吊顶（如图2-3-16）。

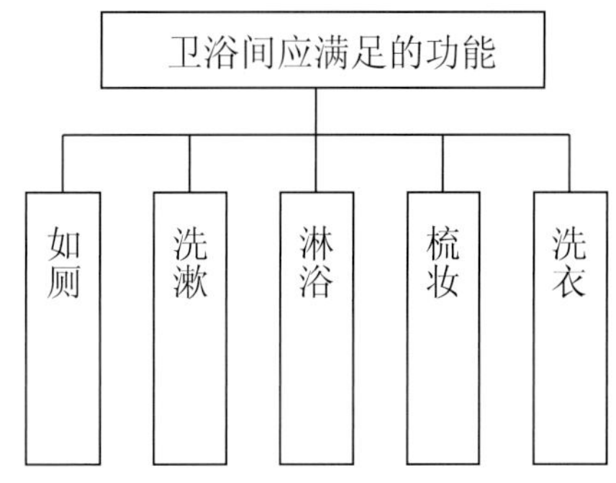

图2-3-14　卫浴间应满足的功能

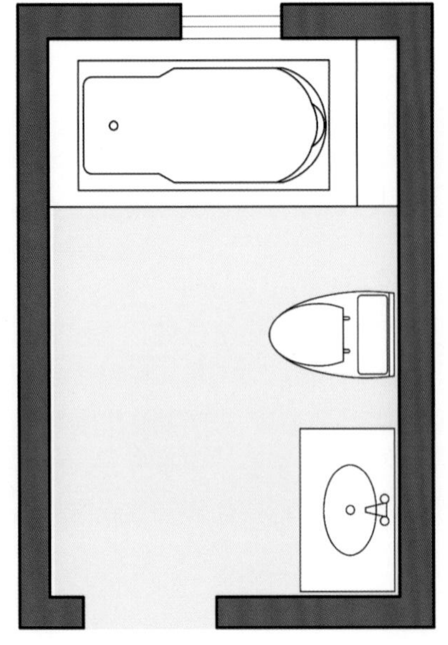

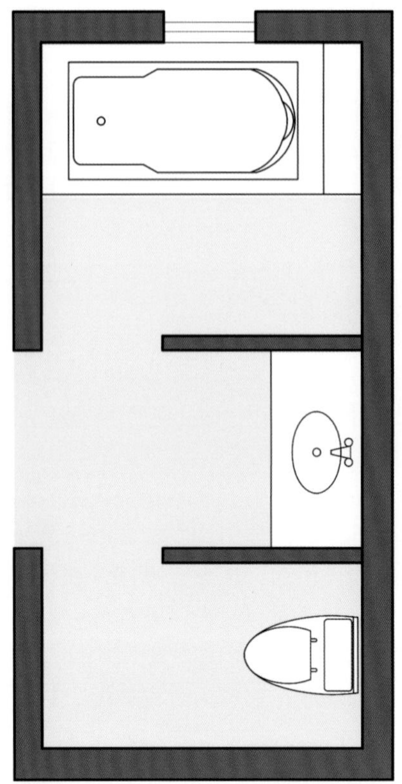

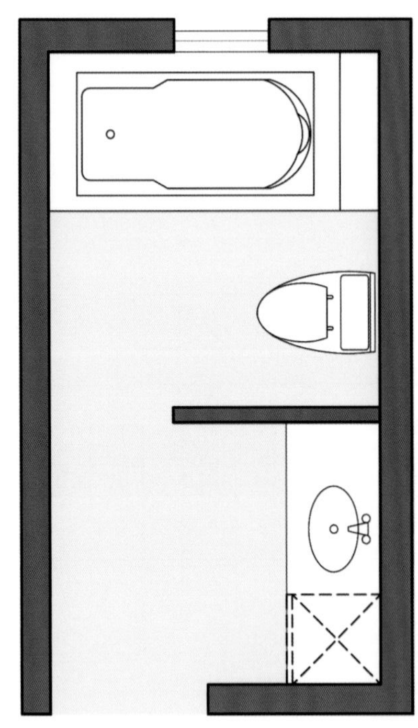

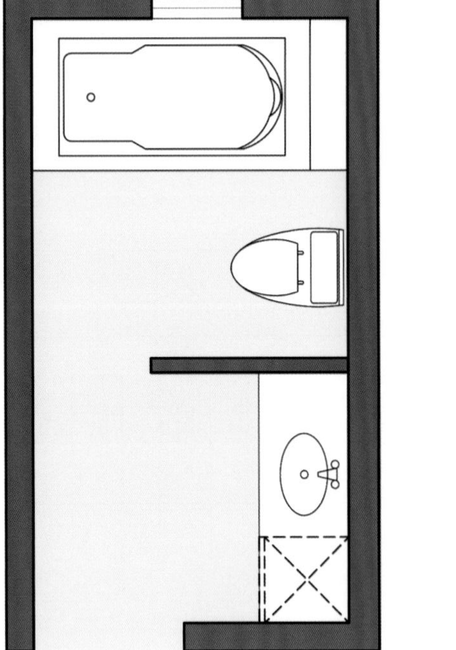

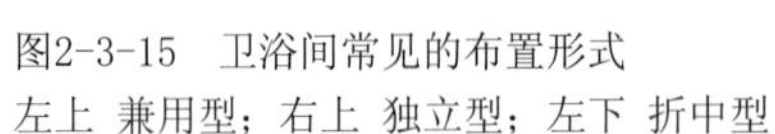

图2-3-15　卫浴间常见的布置形式
左上 兼用型；右上 独立型；左下 折中型

图2-3-16　卫浴间　广州金海湾

（七）书房

1.书房功能分析

随着现代人知识水平的提高，人们对于书房提出了越来越多的要求，在空间允许的情况下，都会专门设置书房，以用来阅读、书写、工作、使用电脑、研究、密谈、学习和思考。书房既是家庭的一部分，也是个人职业与爱好的表现场所，不同的家庭及业主，书房的具体形态也会不同：喜好阅读的会布满书柜；喜爱绘画的会支上画架；音乐爱好者则会有自己喜好的器乐和音响；软件工作者的电脑会比较强大……因此，书房虽然以书桌、书柜及座椅为主要家具，但却是最能体现业主个性的场所（如图2-3-17）。

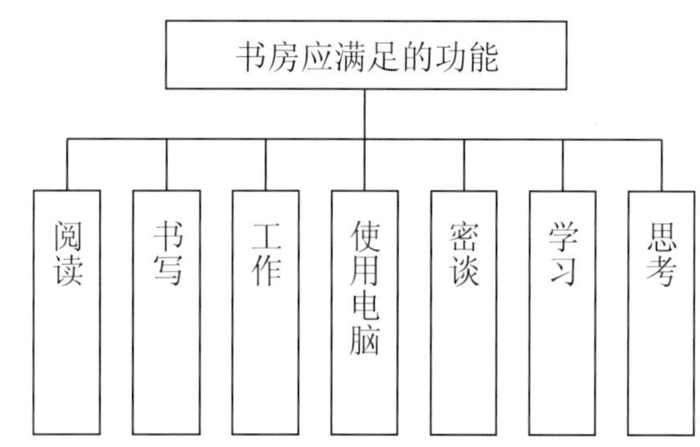

图2-3-17　书房应满足的功能

2.书房设计要点

书房是一个用来工作与创作的场所，安静、幽雅的环境有助于提高专注力和工作成效。因此，书房多安置在靠近居住空间里面一侧，并采用较高的隔音吸音措施：地面以木地板或地毯为主；墙面软包；天花采用吸声材料；双层密闭玻璃窗；厚质双层窗帘……除此之外，肌理感强的纹理和浓郁的绿化手段也有助于静雅空间的营造。

书房的采光也要重点处理。书桌要放在阳光充足而又不直射的窗边并以左侧进光为主，以获得更好的光照并避免炫光，还可以在休息时远眺室外的风景。书房中除天花主光源外，还需在书桌前方设置亮度较高且不刺眼的台灯做局部照明，并预留电源插座，方便连接电脑、打印机、音响等设备。

作为一个修身养性的场所，书房的色彩可以相对自由一些，一般以浅色为主，有利于人的思考；有时也会在局部增加一小部分较为靓丽的色彩激发创作灵感，体现主人的个性和追求（如图2-3-18）。

图2-3-18　书房　I'm home 2013.3　P21

书房的平面布局形式主要分为开放式和闭合式两种。住宅面积不充裕时一般会考虑开放式的格局，可以兼顾家庭全部成员的工作与学习，并形成休息和阅读中心，促进家庭凝聚力。在住宅面积较为宽裕时，也可以考虑闭合式书房，更容易提高使用者的工作效率。

图2-3-19 Battistella Sistemanotte P3
图2-3-20 walk in closets, wardrobes P14
图2-3-21 walk in closets, wardrobes P63
图2-3-22 OLIVIERI catalogo P9

（八）储藏空间

1.储藏空间的功能分析

时光荏苒，四季更替，一些在家庭中虽然有用但却较少使用的物品，如生活用品、衣物、被褥、旧的器物等会被堆积起来，有碍观瞻且给生活带来不便，储藏空间就是解决这个问题的有效方法。提到储藏，人们最先想到的便是储藏室，一种专门收纳日常杂物的小型房间，但是储藏空间却不仅限于储藏室，我们这里所说的储藏空间是指能够贮物的所有空间（如图2-3-19至图2-3-22）。

2.储藏空间的设计要点

储藏空间是使空间变得秩序整洁的有效手段，因此挖掘居住空间的储藏潜力，充分利用一切空间的死角、闲置部分，做出尽可能多的储藏空间是居住空间设计的目标。

在起居室中，尽量选择有较好收纳功能的家具，充分利用家具内腔把客厅常用物品收纳其中；餐厅的餐边柜是储藏的重要空间，可以适当考虑其展示功能，把餐柜中的精美餐具展示出来；厨房的上柜、下柜都是适合隐藏食物、干货、餐具的场所，在归置时，要尽量按照场所、类别、使用范围做出归纳，方便取用；书房墙面、书桌的边角空间可以适当加以利用；卫生间的面盆下柜、坐便角落都是可以归纳放置卫生用品的地方，墙面更可以放置吹风机、毛巾架等；还有一些住宅中容易被忽视的边边角角、被家具占用而浪费的空间如床底、门的背部等也都是可以形成丰富贮藏空间的场所。

图2-3-24 I'm home 2013.5 P89
图2-3-25 广州万科城
图2-3-26 广州万科城

（九）阳台

1.阳台功能分析

随着人们生活品质的提高，用来洗衣、晾晒和储存的传统阳台已发展成为集聚观花赏景、体育锻炼、纳凉游乐的综合性休闲空间，广受人们喜爱（如图2-3-23）。

2.阳台设计要点

阳台设计，应综合考虑采光、通风、隔尘、保洁、防水、防滑和安全，地面尽量选用防腐木地板、花岗岩、地砖等防水、耐污的材料，地面坡度流向排水口；门窗的密封性和稳固性要好；阳台吊顶避免过低，以免有压抑感影响光照。

按照阳台的功用，一般分为服务功能阳台和休闲功能阳台。服务功能阳台的设计应依据服务内容——备餐、做饭、洗衣、晾晒进行空间布置；休闲功能阳台，可以根据业主的兴趣和爱好进行精心布局，做成花艺绿植园、舒适的茶室、健身运动场等各种有情趣有品位的独特空间（如图2-3-24、图2-3-25、图2-3-26）。

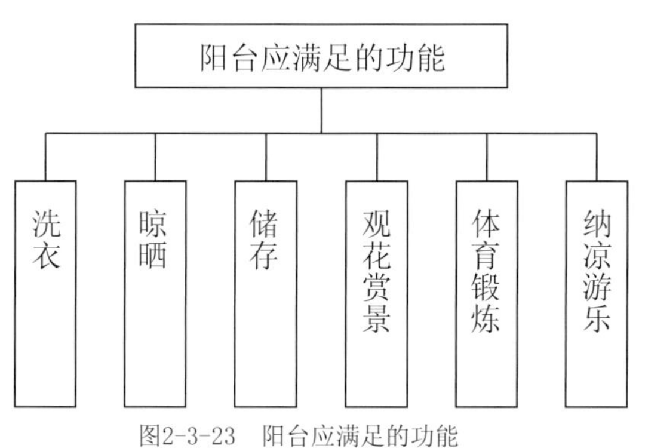

图2-3-23 阳台应满足的功能

（十）通道

1.通道功能分析

通道是居住空间中的交通空间，起着联系各个生活区域的作用，是组织空间序列的重要手段。因为通道是一个空间通往另一空间的必经之路，故而营造通道的引导性氛围便很关键；经设计后的通道，更是居室中的风景线。

2.通道设计要点

通道是一个过渡性的空间，为了保证通道的流畅性，一般不设置任何家具。通道在设计中要尽量与其他场所保持一致，少做变化，但收口部位都要做认真处理。

按照水平方向的组织方式，通道一般分为一字形、L形、T字形。一字形给人以明快、爽朗的感觉，但却容易陷入单调与沉闷；L形通道曲折通幽，富于变化，私密性强；T形通道可以同时通向两种不同的区域，保证各个区域的独立性不被干扰。通道的转角之处若是处理得当，会形成视觉上的焦点，形成一处引人入胜的风景（如图2-3-27、图2-3-28）。

图2-3-27　台湾新北　张睿诚
图2-3-28　万科中式别墅

二、空间氛围设计

（一）材质设计

1.了解常用材料

做设计之前需要先了解装饰材料，这样才能懂得在设计中如何选择材料，运用材料，做出更多性价比高、情趣性强的空间环境。熟悉材料的途径有很多种，除了平时多去材料市场，多与材料商、施工人员打交道之外；还要多留心自己去过的每一个地方，多参与每一道工艺，多问多观察。知识都是日积月累的，想要满腹学识就需要时间的沉淀（如图2-3-29至图2-3-38）。

2.材料设计

材料设计之前，首先要理解方案的精髓，最好从方案构思阶段就开始同步材料设计。然后认真分析材料需求并使之具体化，如需要什么样的色彩、什么样的光泽质感、什么样的特性功能，把整个需求按照色彩构成的方式做抽象的需求提炼。最后再综合考虑造价、工艺等多种因素，做好材料设计。

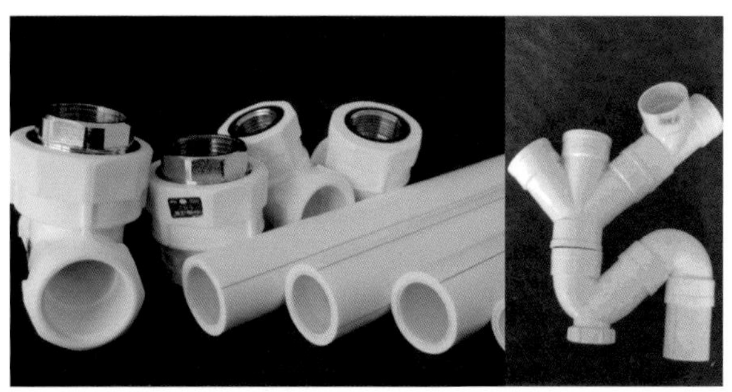

图2-3-29　管道敷设材料

图2-3-30　抹灰、防水材料

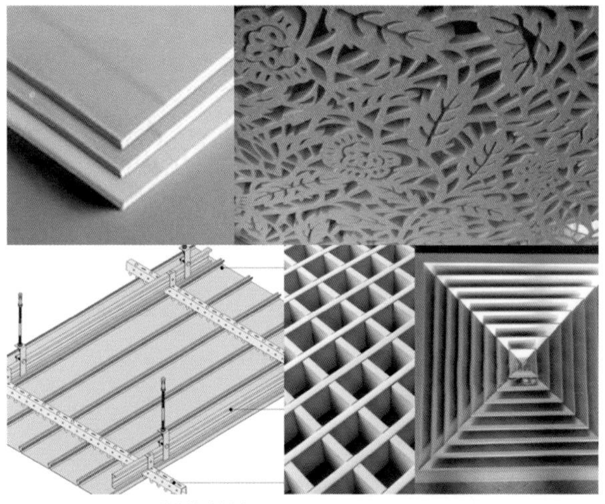

图2-3-31　吊顶装饰材料

图2-3-32　电器材料

图2-3-33　地面装饰材料

图2-3-34　楼梯、栏河材料

图2-3-35　涂料饰面材料

图2-3-36　洁具材料

图2-3-37　墙柱面装饰材料

图2-3-38　门窗材料

（二）色彩设计

色彩是一种非常丰富的情感语言，能够很大程度地改变居住空间的视觉效果，影响我们的心情。因此，认真分析业主喜好和空间功能要求，精心设计配色方案，并在后续的过程中严格以此为基础完善室内配色，可以很大程度地提高居住空间的品位。

1.色彩设计注意事项

了解色彩设计的一些基本知识，会使色彩设计事半功倍。

色彩设计必须充分考虑各个功能空间的具体情况，做好合理的色彩安排。如餐厅多使用橙色暖色调的色彩，可以促进食欲，提高食品色泽；老人房用色大多比较深沉、稳重；儿童房则是色彩靓丽活泼、对比性强；厨房用色大多纯净明快、单纯整洁。功能不同、使用对象不同，相应的色彩配置也会有所侧重。

色彩的选择还要考虑朝向和面积。阴面、面积小的空间应以较浅的暖色调为主，清爽、淡雅的色彩会使空间看起来较大，温和的色调使空间感觉温馨，可以增大采光系数；反之阳面、面积较大的空间则相对自由，不受此限制。

色彩数量尽量不超过三种。除无彩色外，色相拉开较大的色彩，在一个空间中最好不要太多，以三种为宜，否则会使空间比较杂乱，无法调整。

注意色彩载体优选次序。色彩是以各种实物为载体的，在挑选各种实物时，最好先确定大件、不便更换的物件如墙壁、家具，来确定色彩的基调；再选容易更换的小件物品如窗帘、床上用品，来丰富色彩的层次；最后再选择一些鲜艳色彩如鲜花、靠垫、小摆件进行点缀，增加空间的趣味。

2.以色彩统一整体氛围

以一种色调引领整体空间色彩氛围。在做色彩设计时，最好依据综合情况，确定整个空间的一个主色调，所有的色彩都以此展开，使整个空间出现和谐的氛围。

有时采用色彩倾向的照明也是促进整体氛围的有效手段。当一个房间出现较多的内容和色彩，看起来比较混乱时，有颜色倾向的灯光会使整体色彩覆盖上一层统一的色彩，另一方面也会摒弃掉与光源不统一的色彩，从而使整体的空间形成一个统一的氛围（如图2-3-39）。

图2-3-39 ELLE DECOR 2016.3 P122

3.以局部高纯度色彩提升空间活力

居住空间的用色大多比较和谐，容易陷于乏味，在空间中选择使用一些纯度较高的色彩如鲜花、靠垫、小摆件进行点缀，会增加整体空间的活力和趣味（如图2-3-40）。

4.丰富空间内涵

当室内空间整体布局已经定了的时候，我们无法再对空间进行大的调整。这时我们可以运用相似色进行统一：如墙壁用了大麦黄的颜色，家具、布艺、装饰品等都选择这个色调的邻近色、相似色，或不同明度的同类色，使空间的层次感加强，进而使整个空间显得协调而不单调（如图2-3-41）。

5.弥补后期不足

居住空间设计是一个渐进的过程，当后期内容不断增加时，有时会出现一些意想不到的元素影响整体的效果，这个时候，色彩便是最容易调整和影响氛围的元素（如图2-3-42）。

图2-3-40 万科中式别墅

图2-3-41 Elegant Homes 2011 Fall-Winter P100

图2-3-42 VERANDA 2012.2 P10

（三）照明设计

照明不仅为居住空间带来了光明，更点染了家的气氛，它是居住中不可或缺的组成部分。

1.照明的种类

按照照明的面积和用途，照明常分为基础照明、局部照明和重点照明。

基础照明又称整体照明、全局照明，是为整体空间提供照明的光源，常指功能空间的主灯，如客厅中央的装饰灯、餐桌上面的吊灯、主卧室的吸顶灯等。

局部照明又称工作照明，是在基础照明的基础上对局部活动区域增加的一系列光源，如梳妆台的镜前灯、书桌上的台灯、床边的床头灯等，与基础照度比常为3:1，避免亮度过度变化影响视力。

重点照明又称装饰照明，是依据需要对绘画、照片、绿化、酒具等局部空间进行的集中照明，目的是使重点部位更加醒目突出有立体感，营造出宜人的氛围。它与基础照度比可以略高一些达到5:1。

2.照明设计

照度是指在每单位面积所通过的光通量，常以Lx为单位。一般来讲，活动时间越长，活动性质愈为复杂精强，所需的照度愈强，如社交活动和工作学习空间；相反在睡眠空间可以采用低照度照明。居住空间中常用的光源有白炽灯和荧光灯，荧光灯节能、耐久，但不适合频繁开关，适合阅读和书面场所；对照度要求不高且频繁开关的场所，白炽灯更为适合。

照明设计需要综合考虑照度要求、场所特征、灯具特性等因素做好合理安排（如图2-3-43）。

居住空间常用照度标准和光源

类别		参考平面及其高度	照明标准值（Lx）			常用光源
			低	中	高	
起居室 卧室	一般活动	0.75mm水平面	20	30	50	白炽灯
	书写阅读	0.75mm水平面	150	200	300	荧光灯
	床头阅读	0.75mm水平面	75	100	150	白炽灯、荧光灯
	精细作业	0.75mm水平面	200	300	500	荧光灯
餐厅、客厅、厨房		0.75mm水平面	20	30	50	白炽灯、荧光灯
卫生间		0.75mm水平面	10	15	20	白炽灯
通道、楼梯间		地面	5	10	15	白炽灯

图2-3-43　居住空间常用照度标准和光源

（四）软装陈设设计

随着生活品质的提高，人们对于居住空间的环境有了越来越高的要求，希望自己的住所能够带给自己更多视觉体验和精神愉悦。陈设设计就是对整个空间进行总体把握和设计，由一个总的设计思路给予空间以生命力，借助家具、布艺、灯饰、绿植、配饰等多种元素，达到改善室内空间、柔化空间形态、烘托室内氛围、营造室内风格、调节环境色调、增强文化内涵、体现地域特色、表述个性爱好的目的；进而体现出业主独有的人文情怀和审美追求。

1.家具的选用和布置

家具是居住空间的重要组成部分，在家庭生活中扮演着重要的角色，直接影响着居住者的生活方式，反映了居住者的独特品位和文化素养。在家具的选用和布置中，要注意以下几点：

家具本身的质量要过硬，结构稳固，使用舒适，这是选择家具的前提；在满足具体使用需求的前提下，家具的造价要与预算标准相符，不能轻易突破投资标准；家具的材料与造型要与空间整体环境相协调，形成统一的风格；家具的尺度和模数要与空间场所匹配，宽阔的空间可以适当放一些大气的家具，面积有限的空间尺寸就需要家具精致一些（如图2-3-44）。

图2-3-44　家具配置示意图

图2-3-45 布艺配置示意图

2.布艺的选用和布置

要想柔化空间氛围，营造温馨宜人的居住环境，布艺是不二之选，它是家居陈设中最重要的元素之一。布艺装饰按照其在家居的功能可以划分为窗帘、床上用品和地毯等。

布艺是家居生活中的重要组成元素，展现着业主的品质和质素。在选择布艺时，首先应当从居室的整体效果出发；其次应当考虑布艺的花色图案是否与居室相协调；然后再根据环境和季节权衡确定；此外，还应当考虑耐污、宜拆装的功能性特征（如图2-3-45）。

3.灯具的选择和布置

灯具是家居的眼睛，除了点亮生活的基本功能外，还有装饰空间、提升艺术情趣的作用。

灯具按照造型可以分为吊灯、吸顶灯、落地灯、壁灯、台灯、工艺蜡烛等，选择时要依据空间功能要求和整体风格。吊灯的花样最多，装饰氛围浓厚，常在客厅中使用，安装时要注意其最低点不应低于2.2m；吸顶灯常用的有方罩吸顶灯、圆球吸顶灯、半圆球吸顶灯、半扁球吸顶灯、小方罩吸顶灯等，由于吸顶灯可以直接安装于天花板上且美观大方，在多数场所都可以使用；落地灯一般用作局部照明，方便移动，特别适合角落气氛的营造；壁灯多用于卧室床头，为了安全，灯泡离地面不应低于1.8m；工艺蜡烛给人以别样的风情，常是营造温馨浪漫气氛的点睛之笔（如图2-3-46）。

4.绿植的选择和布置

随着城市化建设的发展，人们与大自然的距离越来越远，出于对大自然的向往，人们在居住空间中引入了越来越多的绿植，用以装饰环境、提高生活质量，满足生理和心理需要。

图2-3-46 灯具配置示意图

图2-3-47 绿植配置示意图

图2-3-48　饰品配置示意图

从观赏的角度讲，居住空间中常用到的植物可以分为赏花、赏叶、赏果和散香四种，有些兼而有之。赏花类常见的有菊花、茶花、月季、杜鹃、鹤望兰、火鹤花、马蹄莲、水仙花、紫鹃兰等；赏叶类的有玉针松、万年青、棕竹、水竹、文竹、铁线蕨、蜈蚣草、绿萝、常春藤、富贵竹、一叶兰、龟背竹等；赏果类的有金橘、葡萄、石榴、橘子等；散香类的有茉莉、米兰、兰花、仙人掌、文竹、秋海棠等。

一般来说，选择室内植物，首先应考虑植物本身的特征、生存环境和适宜的栽种方式，确定是否适合在居室陈设；接着要依据居室面积和陈设空间大小来选择合适的绿化植物；然后再确定绿植的陈设方式。大的植物多安置于一个较为固定的空间方便观察整体效果；小的植物布置起来较为灵活，可以见缝插针放于架子上、窗边等略低于人的视线的位置，便于观赏（如图2-3-47）。

5.饰品的选择和布置

居住空间的饰品陈设种类很多，大致分为三类：一类是以观赏为主的装饰性饰品，如刺绣、剪纸、玩具、照片、小摆件等；第二类是以实用为主的陈设品，如藏书、蜡烛与烛台、实用性器皿、茶席与茶具等；第三类是经过艺术家审美创作的艺术品陈设，如中国画、书法、油画、饰画、雕塑等。

在居住空间里饰品的选择与布置最能彰显业主的个性，体现其爱好与品位。进行具体布置时，要根据每个功能空间的具体特性进行选择，如客厅常摆放一些坐垫、字画、布艺；餐桌以餐桌礼仪规范来摆放；卧室则常摆放主人的一些照片并配以简单工艺品为主（如图2-3-48）。

图2-3-49 工作模型示意
图2-3-50 手绘效果图示意 陈红卫
图2-3-51 计算机绘图示意 卯公馆

三、设计方案表达

（一）三维场景模拟

1.场景模拟途径

设计师设计好空间场景，还需要以业主可以理解的方式呈现出来，目前常用的表达方式主要有三种：工作模型、手绘效果图、计算机绘图。

工作模型是以纸板、薄木板、PVC板、ABS板、PS板等为基材，以半成品部件为摆设，按比例经过粘贴拼合而成的空间体块，以表达设计方案立体效果。由于模型耗时耗力，且需要有专门的设备及场地，一般都在大型和结构复杂的空间使用，方便推敲并能使业主有更直观的感受（如图2-3-49）。

手绘效果图是指设计者运用绘画工具及手绘表现技法，来表现设计意图与创作思路的一种最直接的手段与形式。手绘效果图与设计相互依存历来已久，手绘效果图的表现也成为衡量设计师专业技能的一项重要依据（如图2-3-50）。

随着计算机技术的快速发展，计算机效果图以其真实、准确、可修改性强的特点迅速成为设计界表现的最常用手段（如图2-3-51）。

2.计算机绘图步骤

用计算机辅助完成三维效果图，就是一般常提到的3Dmax效果图，它是目前最常见的方案表达方式。因每人绘图习惯不同，绘图的过程会大有出入，但不管怎样，大致的绘图步骤却是大同小异：打开3Dmax，初步设置之后，导入AutoCAD制作的墙体结构图，在此基础上完成居住空间门窗、天地、地面的建造，形成整体空间；接着设置主要材质、搭设摄像机Camera和灯光Light，调制出适宜的场景角度和光照效果；然后导入或建造相应的家具、布艺、灯饰、饰品等，渲染出小尺寸的三维效果图；在确定没有大的问题后，渲染出大尺寸的三维效果图；最后再到Photoshop进行图纸的微调，完成效果图绘制。

图2-3-52 封面

（二）设计方案排版

1.设计脉络整理

设计师完成设计方案的设计与表现之后，需要将这些内容进行整理，并常以排版的形式展现出来，供业主参阅。设计师在做方案排版时不需要有固定的格式，但有些常规的注意事项需要引起注意：排版的脉络要清晰，有明确的设计主线；设计的版面和内容在设计风格、设计倾向方面要一致，让客户从排版中就能感受到设计的大概方向；注重设计细节，调整好每一个字体和字距，选择高质量的图片，排版严谨。

2.方案排版

尽管方案没有统一的模板，但都会涉及一些共同的内容：封面、目录索引、设计说明、平面布置图、顶棚布置图、功能空间效果图、材质及色彩方案、软装陈设等（如图2-3-52至图2-3-59）。

封面是设计方案留给甲方的第一印象，一般需要标明项目名称，并按照空间设计的整体格调做出整体氛围。目录索引一般要列出排版的主要内容与相应页码，并注意标明层次。设计说明会以简短或详细的介绍设计思路与设计理念。平面布置图需要注意细部内容，合理摆放家具，并加以注释；标明每个功能区域及地面材质；户型轴线尺寸清晰；必要时可以分页彩绘表示。功能空间效果图主要指的是各个功能空间的三维表现图。材质及色彩定位中会列出主要的材质特性、色彩格调。软装陈设则会把空间与陈设内容相互对应，做出说明。

图2-3-53 目录索引

图2-3-54 设计说明

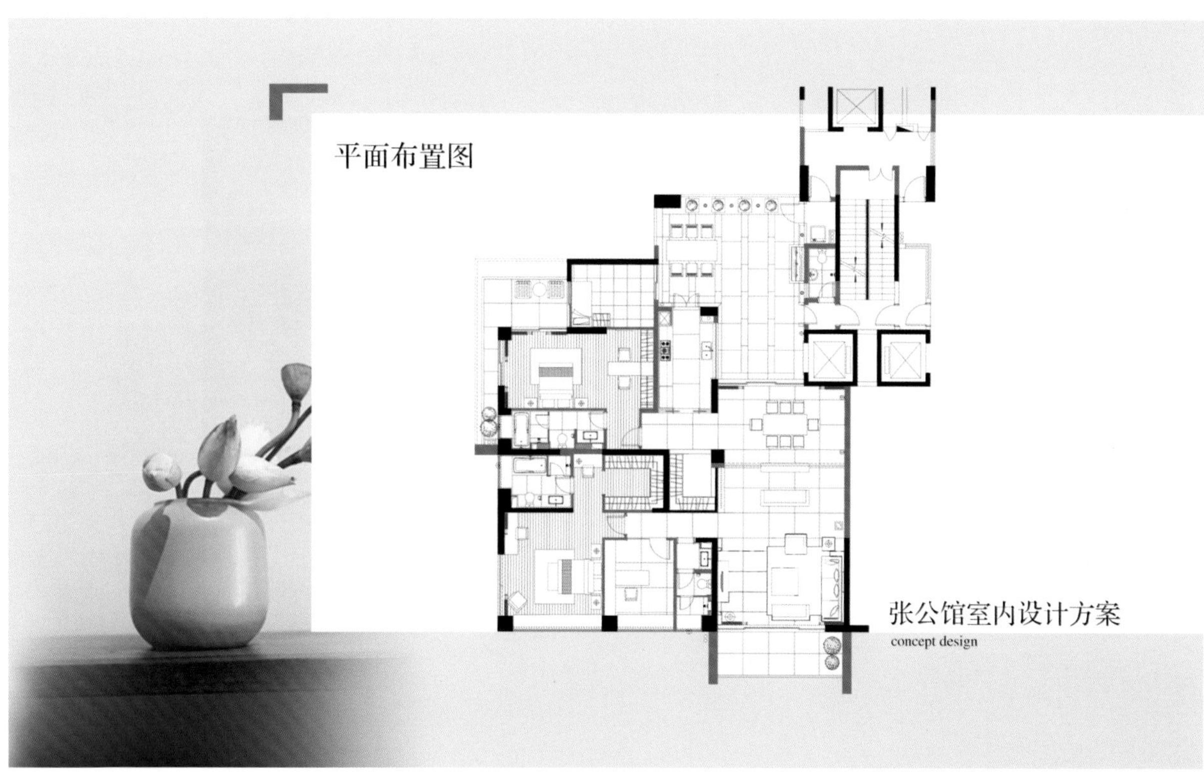

图2-3-55　平面布置图

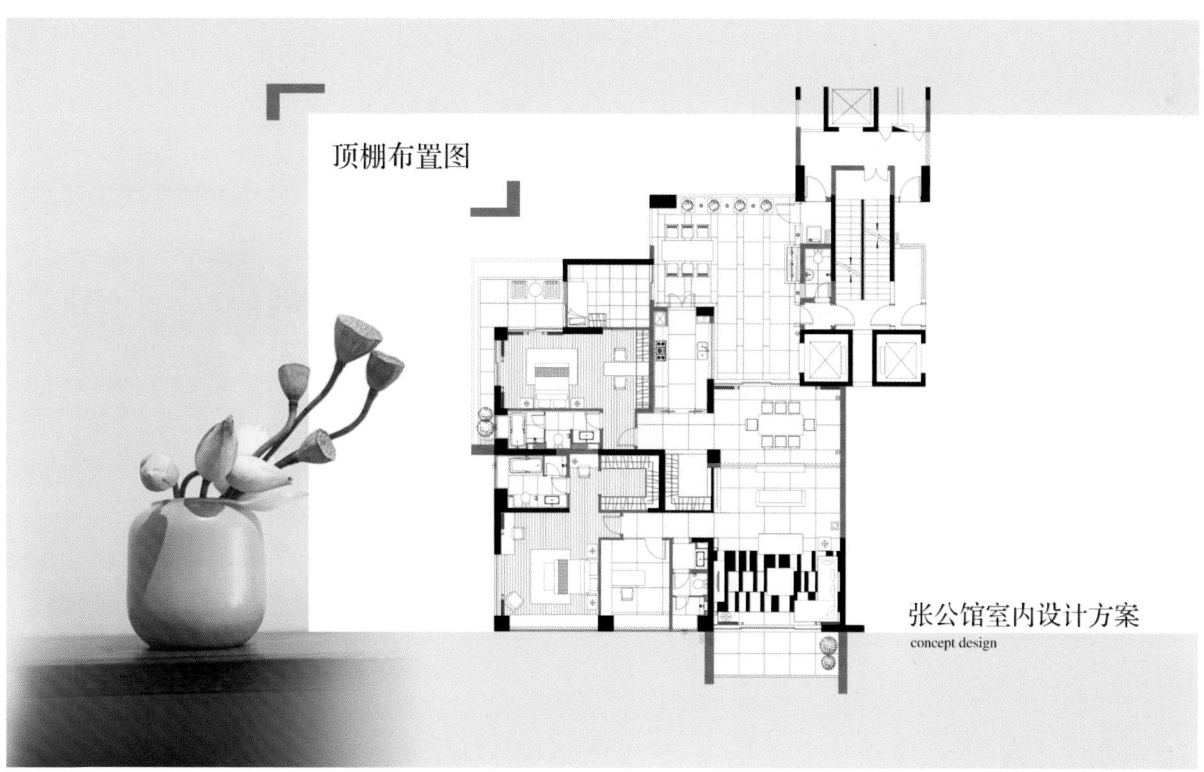

图2-3-56　顶棚布置图

图2-3-57　起居室效果图

图2-3-58　材质与色彩方案

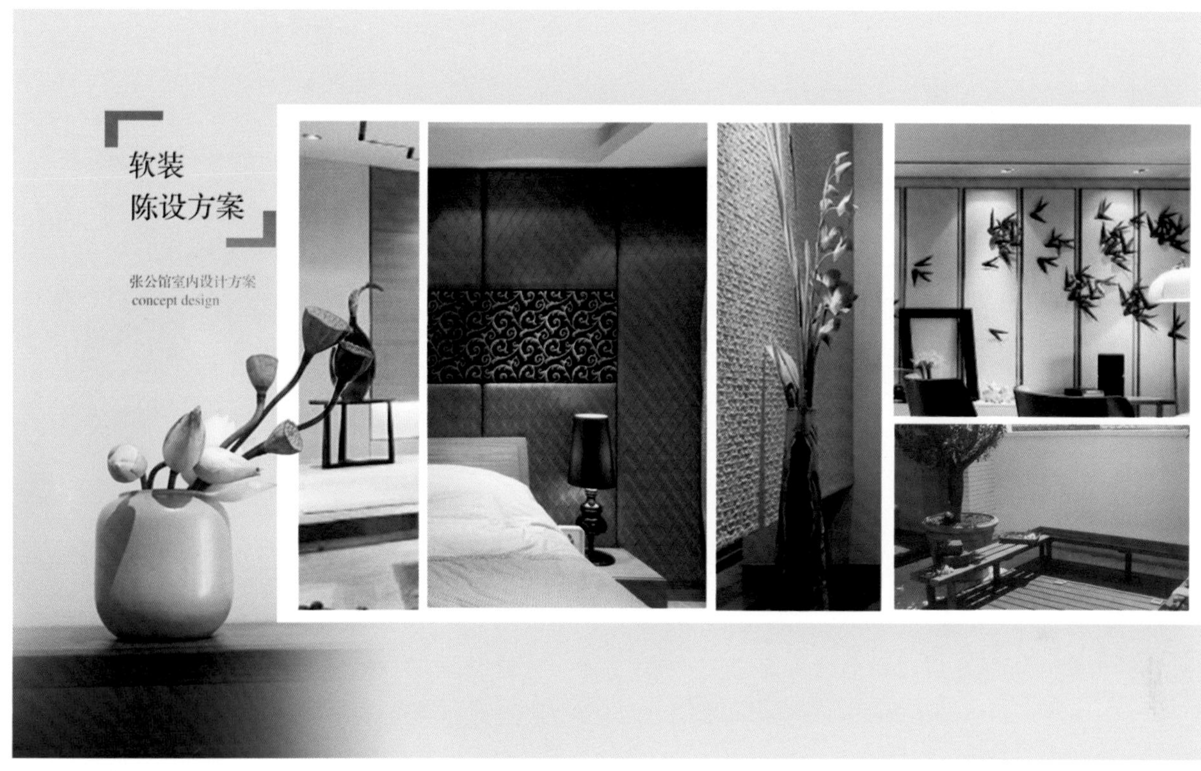

图2-3-59 软装陈设方案

小贴士

设计方案是设计师设计的最精华部分，每个设计师都可以有自己的设计方式与步骤，不一定非要按部就班，墨守成规。比如有时就可以按照自己的方式在平面规划的基础上直接进行三维空间设计和方案排版；有时也可以以业主挑选的家具与陈设品为出发点，倒推设计的风格与色彩搭配。

居住空间

第四节 设计实施

【本节内容】 施工图绘制；材料手册制作与项目预算；工程协调

【训练目标】 清楚居住空间施工图绘制的规范与方法，能够独立完成施工图绘制工作；清楚材料手册和项目预算的方法；了解工程协调的注意事项

【训练要求】 独立完成施工图绘制；参与施工各个过程

【训练时间】 20课时

设计方案协调通过后，即可进入设计实施阶段。它是设计的最终目的，也是设计的实现过程。

一、施工图绘制

（一）施工图的基本知识和内容

1.施工图的概念

施工图是在各类规范的指导下，对前期设计方案进行的合理化再设计，它是方案的深化和收口，是施工前设计的最后一步，也是施工和预算的基本依据。

施工图的绘制涉及施工材料、施工技术、施工工艺等多方面的问题，设计师在绘制图纸之前必须与其他专业人员如结构工程师、水电施工技术人员、空调设计工程师、材料供应商等多方人员进行充分的沟通与协调，在施工图中确切地表达施工的具体信息，当遇到局部难以实现的设计方案时，还需对原来方案进行调整，以确保方案的顺利实施。

若有意做一名合格的施工图设计师，平时应该多出去考察，了解目前最先进、最常用的装饰材料和施工工艺；明白关于电路、水暖、管道等各专业的关键知识；清楚环境系统设备部件和家具制造的技术等；知道与各行业人员进行交流的技巧……

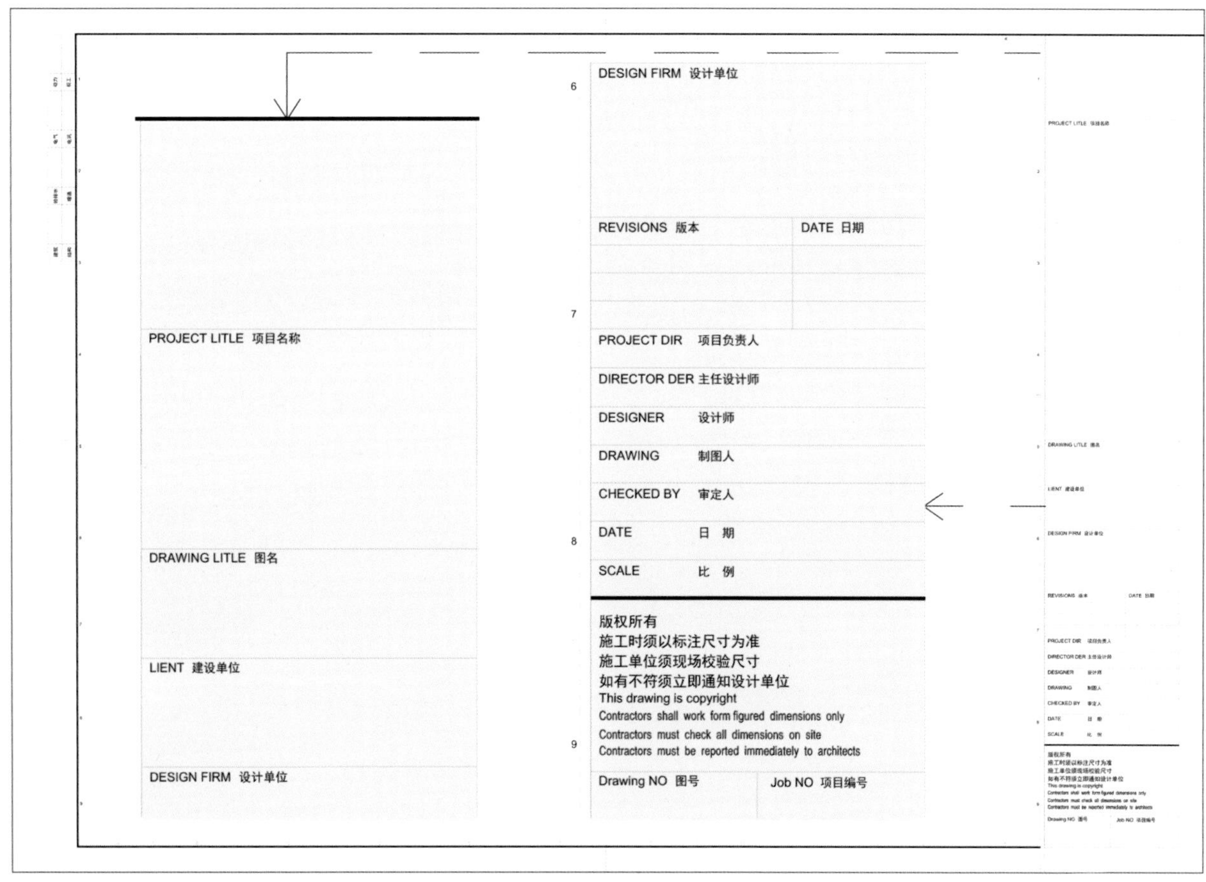

图2-4-1 图纸框示意图

2.施工图的主要内容

施工图文件一般包括封面、目录、施工说明、平面图、顶棚图、立面图、电路图、水路图、节点大样图等。

封面一般包括项目名称、编制日期。施工说明一般包括施工图中所使用的材料、设备、器具及相关构造做法。平面图一般包括原始平面图、拆建平面图、平面布置图、地面材质图，原始平面图表明的是居住空间装修前的状态；拆建平面图又称结构改动图，用来表示拟拆除墙体和拟建设墙体；平面布置图是表达空间布局、固定设施的图纸；地面材质图表示的是地面材料铺设的详细内容。顶棚图主要是关于天花顶上灯具照明设备、空调出风回风、各类吊顶的位置尺寸的描述。立面图主要表达室内墙面及装饰情况，如立面造型、门窗、家具、壁饰、装饰材料及做法等。电路图主要是将动力电源及弱电等点位标注出来。水路图主要是标注冷热水的走向及进出口。节点大样图是平面、立面、剖面图的任何一部分的放大，用以表达材料与施工工艺的具体做法。

（二）制图规范及常用图例

在施工图的绘制过程中，应遵循一定的制图规范，以保证项目各方人员清楚明了施工的工艺和具体要求，减少不必要的矛盾和摩擦。

1.制图规范

绘制施工图，常见的图纸幅面规格有A4、A3、A2、A1、A0等，尺寸分别有210*297、297*420、420*594、594*840、840*1189（单位mm）。

施工图绘制完毕打印前，一般都会加上企业和单位的固定图纸框，应将标题栏、会签栏填写完整（如图2-4-1）。

施工图内的线型应层次粗细有别，尺寸标注应清晰美观，符合制图规范。

2.常用图例

索引符号一般是由10mm的圆和中间的水平直径组成。当索引符号用于局部大样图索引时，应引出圈将拟放样的范围画出，范围小时以圆形细虚线绘制，范围大时以矩形细虚线绘制（如图2-4-2）。

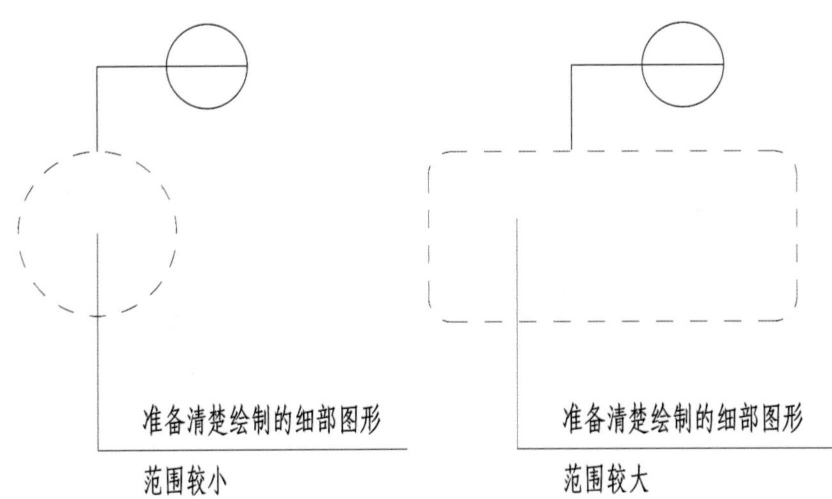

图2-4-2　详图索引符号

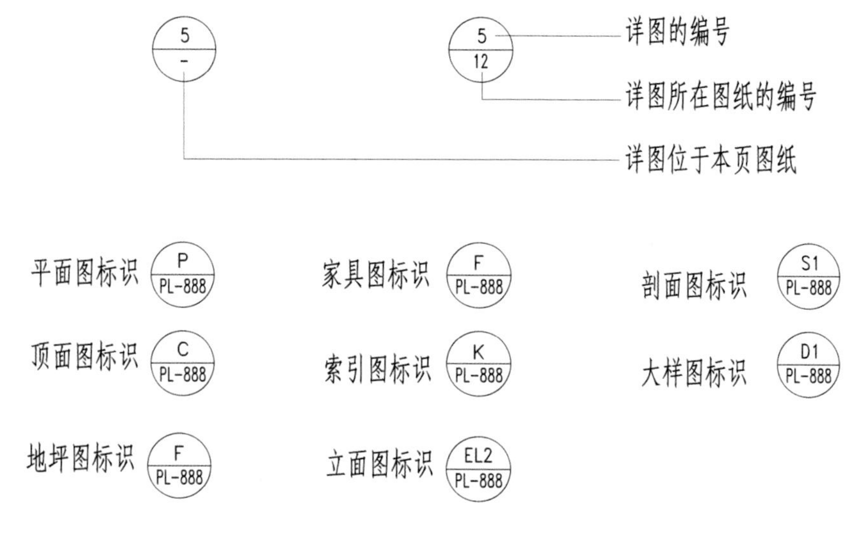

图2-4-3　详图编号释义

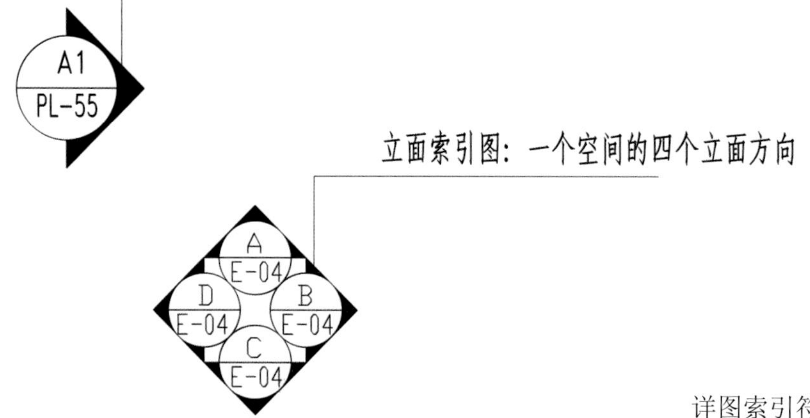

图2-4-4　立面索引符号

详图索引符号：圆中直线上方的数字表明该详图的编号；圆中直线下方的数字表示详图所在的图纸，当在本张图纸中时以短横线表示（如图2-4-3）。

立面索引符号：在平面中标示，用于索引立面图，三角形指示方向表示立面图投视方向，有时也常将四个方向合为一个（如图2-4-4）。

居室空间中避免不了各种管道井，画法不一，要特别注意卫生间管道井和厨房通风井画法区别。

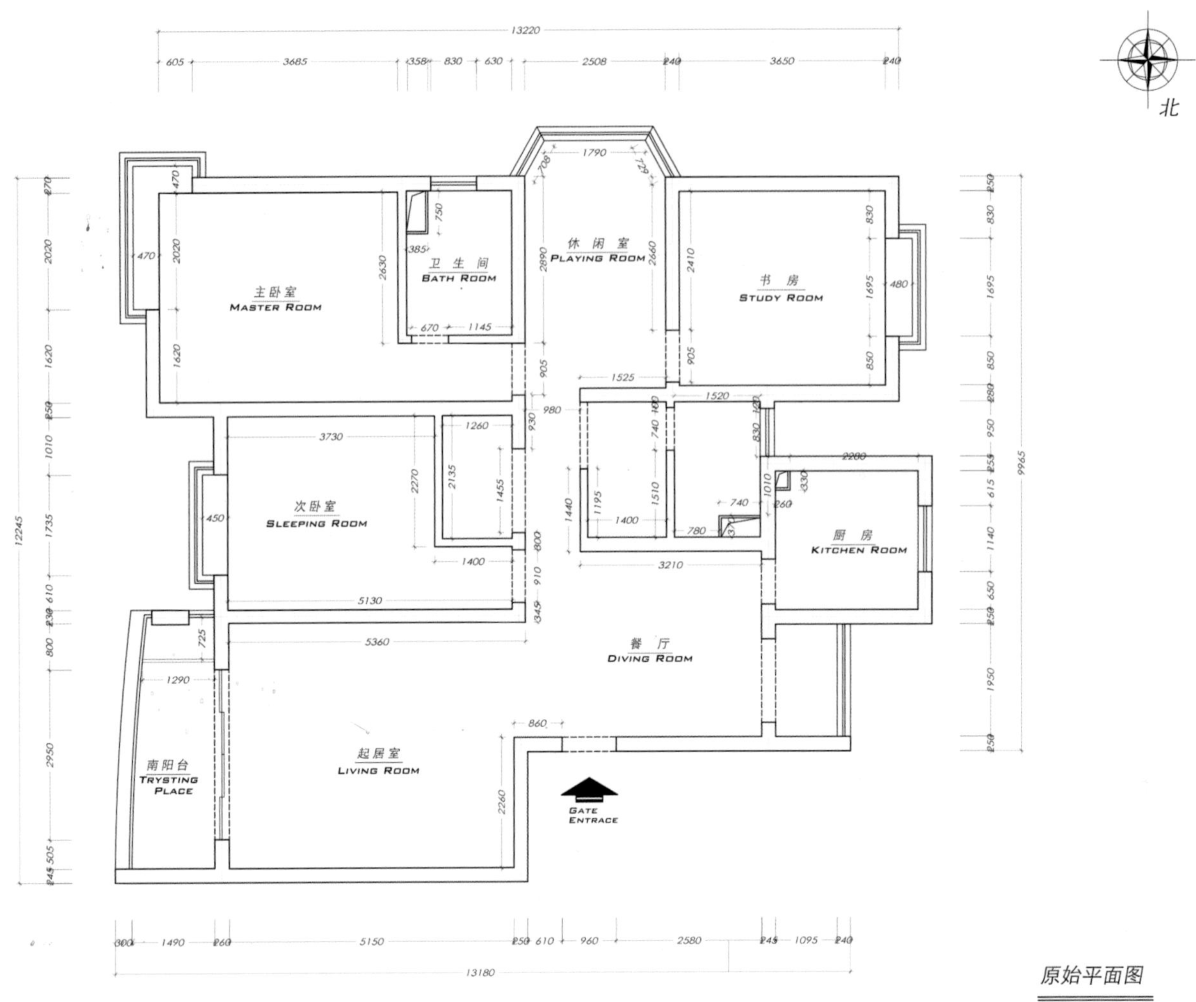

图2-4-5 原始平面图示意

（三）施工图绘制要点

1.原始平面图绘制要点

原始平面图是依据现场勘察情况绘制出来的第一手资料，是现场情况的完全再现反应，因此被称为原始平面图（如图2-4-5，为了更清楚地表示图纸内容，本书中的图纸框若未做明示一律省略）。在具体绘制时要注意以下事项：

在原始平面图中应注明入口位置，并用实心三角形及文字注明；图名一般标注在图的下方或右下方；各类管道、配电箱需要统一图例，标注清楚位置关系；标注各个不同地面的标高；梁的宽度、梁底标高标注好相应尺寸。在绘制原始平面图时需要注意，不论内部尺寸如何变化，建筑墙中轴线的尺寸一般都遵循300或100的模数。

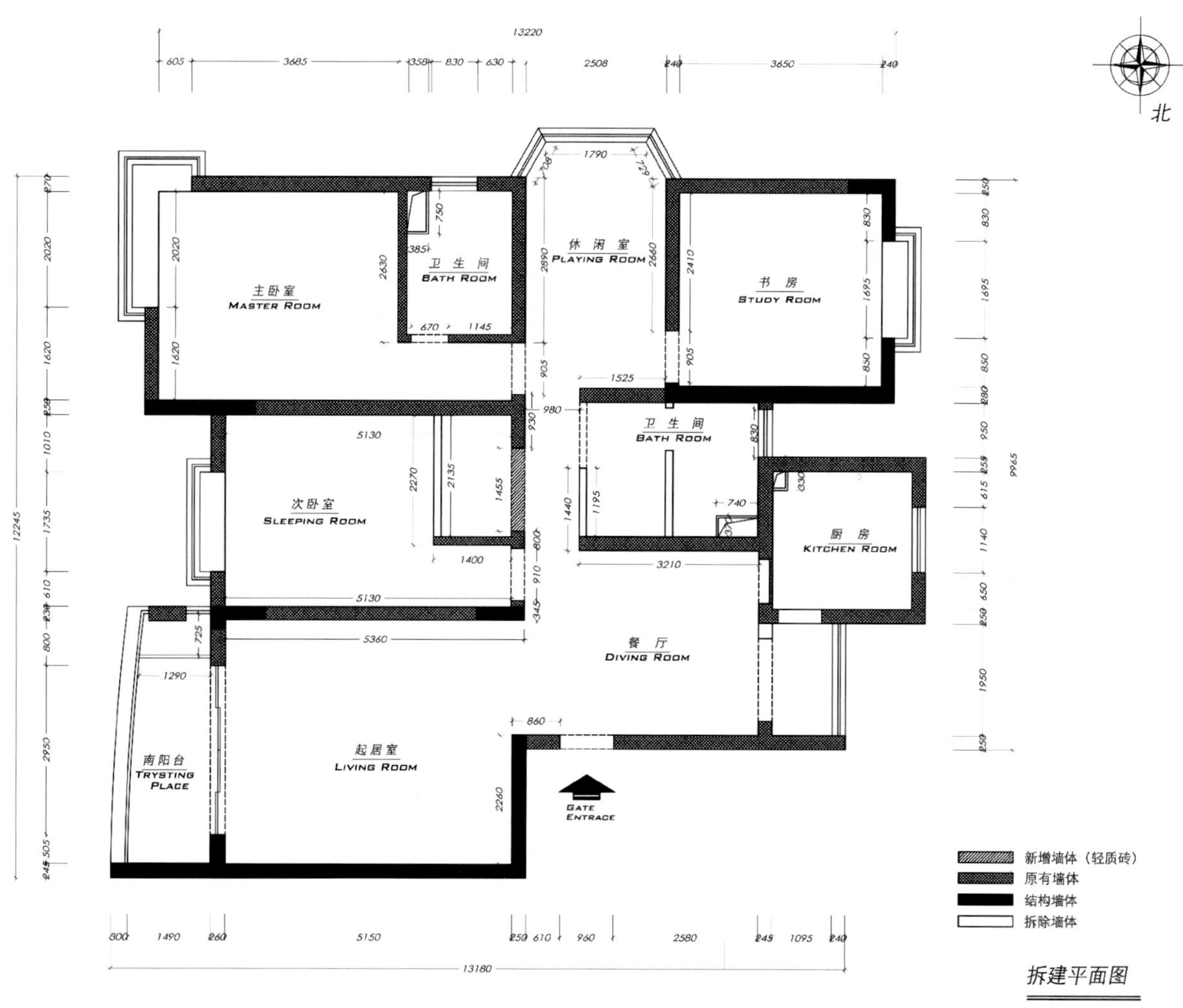

图2-4-6 拆建平面图示意

2.拆建平面图绘制要点

拆建平面图是根据设计要求，表示拆除与新建墙体的图纸，又称结构改（变）动图。拆除与新建部分需要分别用图例表示，当改动较大时，也可以分开单独绘制（如图2-4-6）。

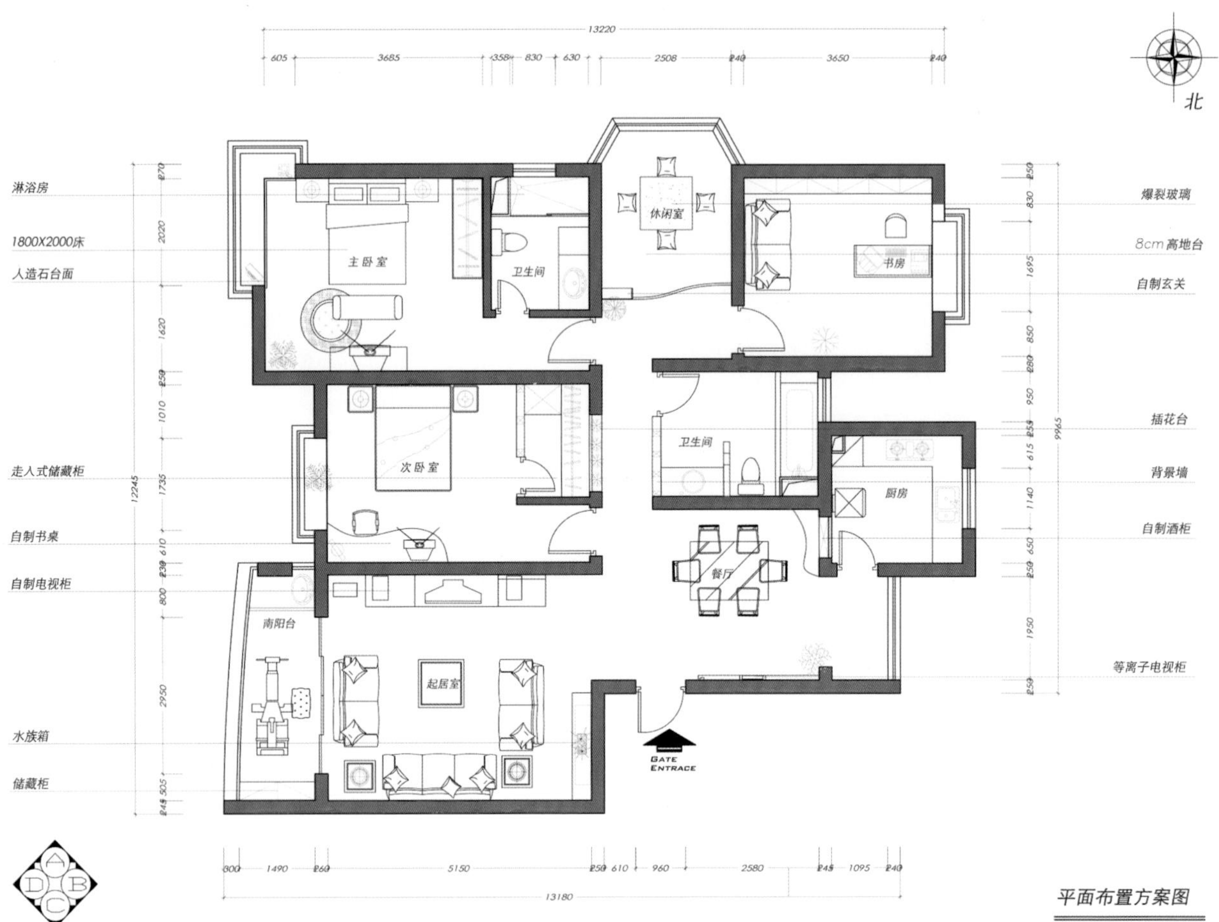

图2-4-7 平面布置图示意

3.平面布置图绘制要点

平面布置图是表示居住空间平面布局的图纸，常在图中标注清楚各种固定设施和主要家具。各种索引符号一般都是结合平面布置图来引出各个立面图和剖面图（如图2-4-7）。

图2-4-8 地面布置图示意

4.地面布置图绘制要点

地面布置图主要是说明地面材料的图纸，需要标注清楚各种材料名称、规格、高度及相应接口，必要时加注文字说明和详图（如图2-4-8）。

图2-4-9 顶棚平面图示意

5.顶棚平面图绘制要点

顶棚平面图也称为天花平面图，主要用来表达顶部造型与尺寸、材料与规格、灯具与样式、规格与位置、空调风口、窗帘位置等内容，在顶棚内容较多或较复杂时，可以绘制相应图例来进行辅助表示（如图2-4-9）。

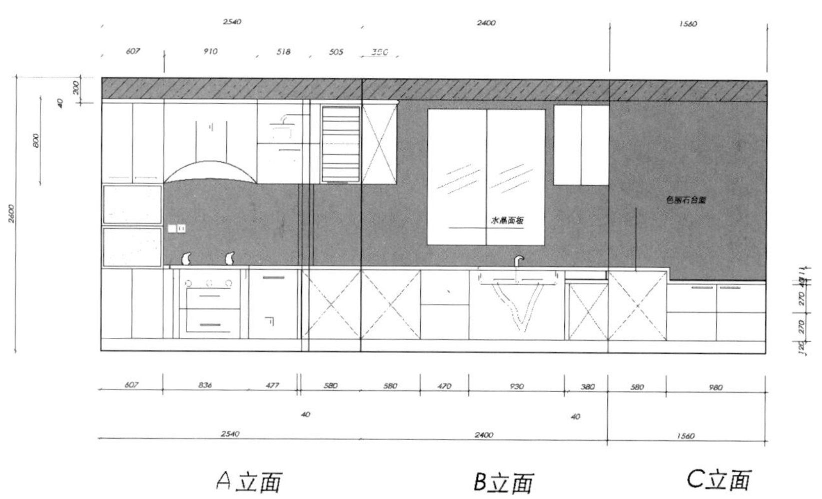

图2-4-10　立面图与剖面图示意

厨房立面图

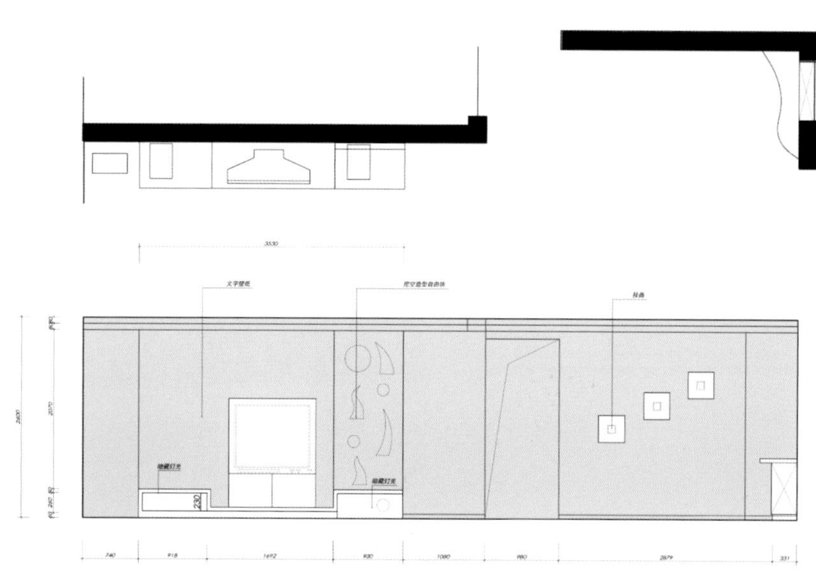

图2-4-11　立面图与剖面图示意

客厅A立面图

6.立面图与剖面图绘制要点

立面图主要是反映室内垂直面上看得见的构件、装饰及细部内容的图纸。

剖面图是表示房屋内部结构或构造的图纸，剖面图的数量是依据设计的复杂细腻程度和施工实际需要而决定的（如图2-4-10、图2-4-11）。

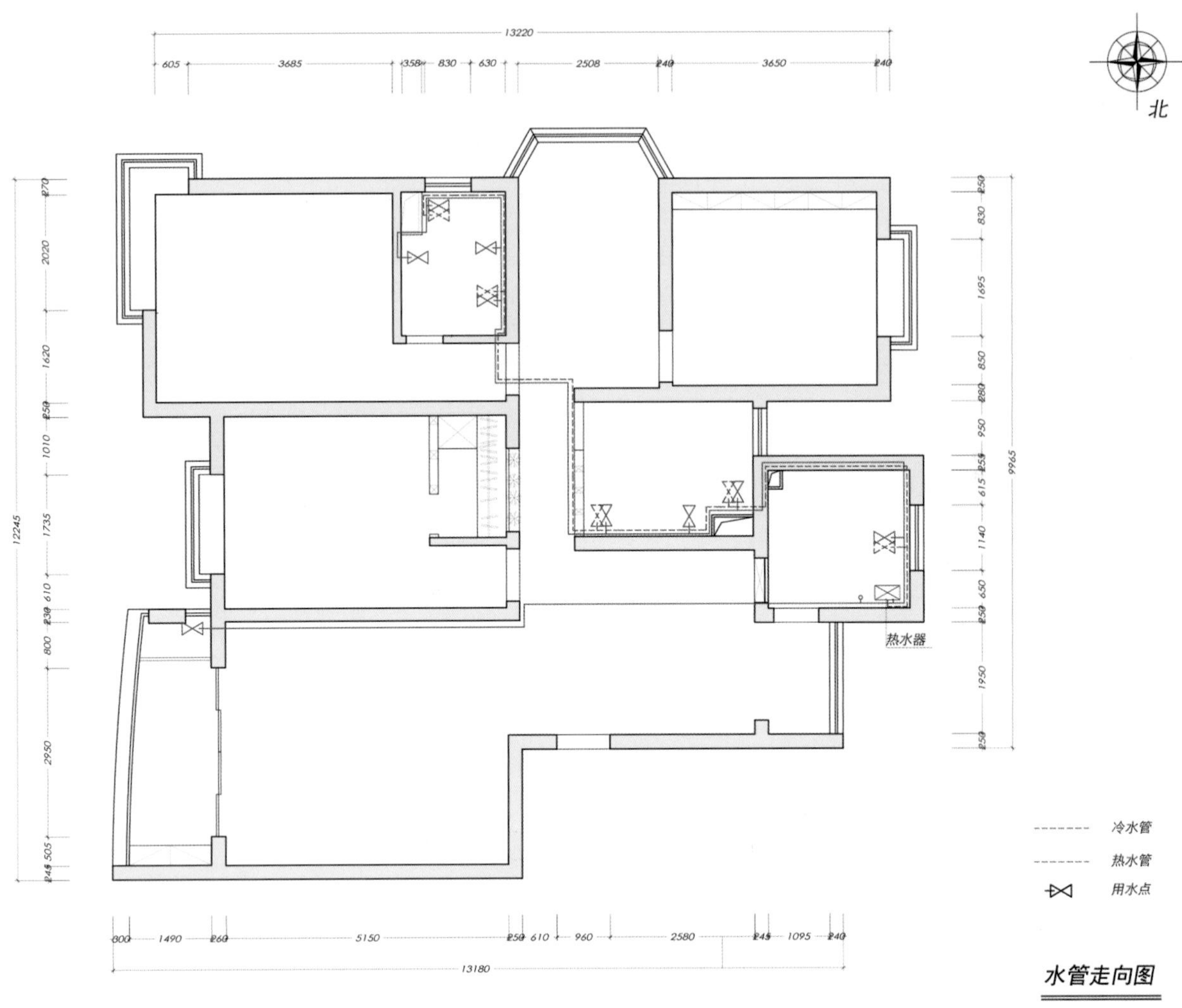

图2-4-12 水管走向图示意

7.水路图绘制要点

水路图是表达室内水路走向的图纸，在居住空间中一般需要把冷热水线路分开，标注清楚各个用水点、出水口，至于具体开管走向，一般由施工人员依据现场情况进行安排（如图2-4-12）。

图2-4-13　插座位置图示意

8.电路图绘制要点

居住空间的电路图一般分为强电与弱电：强电是关于能源（电力）的处理，一般常指开关与插座点位图；弱电是关于信息的传送和控制，一般是指网线、电话线、有线电视线的点位图（如图2-4-13、图2-4-14、图2-4-15）。

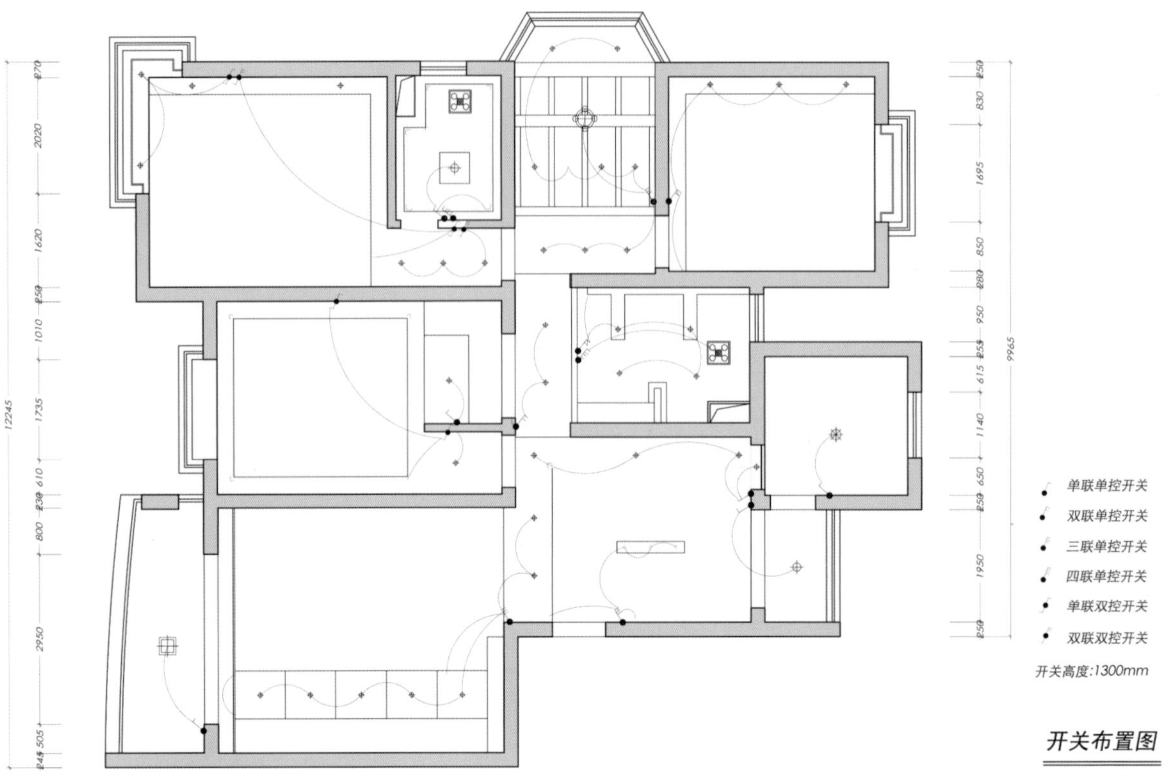

图2-4-14 开关布置图示意

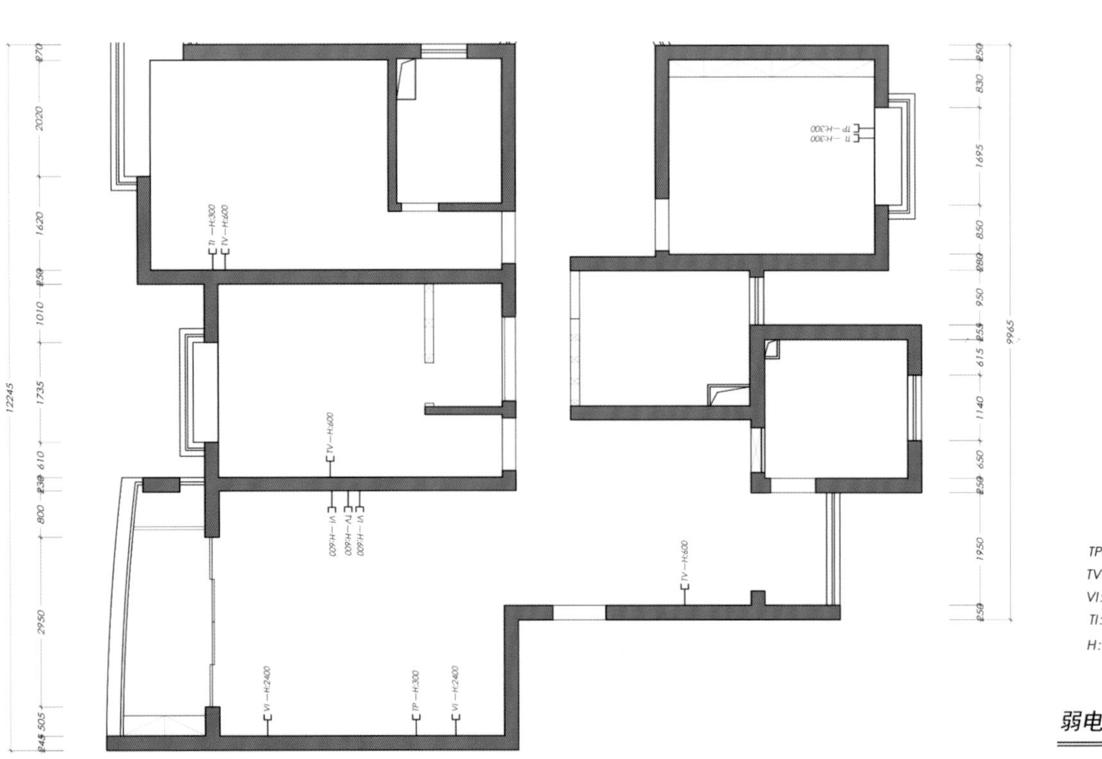

图2-4-15 弱电配置图示意

物料明细表（样表）

工程项目：绿城桂花园10#102

工程编号：
日期：
修订：

编号	内容/型号	位置	供应商	备注
云石/麻石				
MA-1	20mm厚卡布奇诺	客厅地面	马可波罗瓷砖	
MA-2	20mm厚罗马金通体砖	卫生间墙地面	马可波罗瓷砖	
MA-3	20mm厚VJI8310-珠贝玉	厨房墙地面	路易摩登瓷砖	
木材				
WD-1	18mm厚白橡木实木地板	主卧地面	圣象木地板	**1
WD-2	20mm厚仿古地板	地台地板	生活家 巴洛克地板	
玻璃/镜				
GL-1	6mm厚清镜	卫生间	箭牌卫浴	
GL-2	9mm厚强化清玻璃	卫生间	凡高卫浴	

图2-4-16　物料明细表（样表）

二、材料手册与项目预算

（一）材料手册

1.什么是材料手册

单纯的一份施工图纸无法将材料及色彩标准完全表达清楚，为了使业主对于材料有更感性的认识，我们仍需将具体材料制成材料手册或材料样板。材料手册就是将项目中选用的主要材料样板集合起来展示给业主看的一种形式，正常情况下是以实物样板展示为主，在材料较多或不方便以实物展示的情况下也可以做成文本手册。

2.材料手册样例

制作材料手册一般分为三个部分：物料明细表，主要就项目所需的材料做出总的归纳与总结；材料手册，主要对每种材料的外观、性能、用途、供应商等做出较为详细的介绍；材料样板，把重点的材料以实物展示，方便业主有更为直观的认识（如图2-4-16至图2-4-18）。

编号	内容/型号	位置	供应商	备注
墙纸				
WP-1	原木色	客厅餐厅墙面	瑞宝壁纸	
WP-2	乐活添香系列	主卧室	瑞宝壁纸	
油漆				
PT-1	ICI哑白色乳胶漆	天花	多乐士	
PT-2	ICI哑白色手扫漆	餐厅一侧	多乐士	
窗帘				
BL-1	白色木百页25mm	天花	康莉	
BL-2	窗帘HM09-16-H137	客厅、主卧	欧尚	
五金				
ST-1	青铜门把手	门把手	盼盼木门	
ST-2	壁柜五金	主卧室衣柜	德维尔衣柜	
洁具				
D5-S01	马桶	卫生间	恒洁卫浴	
D5-S02	浴缸	卫生间	恒洁卫浴	
D5-S03	洗面台	卫生间	恒洁卫浴	
D5-S03	浴霸	卫生间	恒洁卫浴	
橱柜				
D5-S01	上柜下柜	厨房	美佳厨柜	
D5-S02	洗菜池	厨房	科洛堡 整体橱柜	**2
家具				
D5-F01	客厅实木沙发	客厅	全友家私	
D5-F02	餐桌椅	餐厅	皇朝家私	
灯饰				
LI-F01	客厅主灯	客厅	飞利浦照明	**2
LI-F02	餐厅主灯	餐厅	罗格朗照明	

备注：

**1 面做光油及防水油

**2 如承建商采用国内代替品，须提供样品作审批

图2-4-16 物料明细表（续表）

材料手册（样表）

材料设计规范

公司名称：　　日期：

项目名称：

使用位置：　　材料名称说明：

数量：　　材料规格：

样品：

品牌：LAbRAZE

型号：1280

材质：陶瓷

颜色分类：莱博勒1280 莱博勒1280预留等通知坐便

冲水量：3.0L-6.0L

坐便器冲水方式：虹吸式坐便器

排水方式：地排水

最小坑距：305mm 400mm

是否含遥控：含

附加功能：臀部洗净 女性洗净 座圈加热 水温调节 水压调节 暖风烘干 喷嘴自洁 自动除臭 遥控 喷嘴移动清洗 即热型

盖板是否缓冲：缓冲

承重：70kg及以上

采购资料

供应商：德国莱博勒　　联络人：

电话：　　传真：

备注：为不影响工程进度，请提前15天向厂家订货。如承建商采用国内代替品，须提供样品作审批

图2-4-17　材料手册（样表）

物料样板（样表）

工程项目：绿城桂花园10#102　　　　项目编号：

代号	MA-1	供应商	马可波罗瓷砖	
内容	如意玉石	电话	15800710213	
型号	CZ8978AS 8973 8970 6978	联络人	Jacky	

品牌：马可波罗
型号：CZ8978AS CZ8973AS CZ8970AS
每片宽度(mm)：800
每片长度(mm)：800
计价单位：0.64㎡
颜色分类：CZ8973AS 800*800 CZ8970AS 800*800 CZ8978AS 800*800 CZ6973AS 600*600 CZ6970AS 600*600 CZ6978AS 600*600
图案：仿石纹
适用对象：室内地砖
尺寸：其他

代号	WP-3	供应商	马可波罗瓷砖	
内容	欧式美式壁纸	电话	15800710213	
型号	百搭米黄	联络人	Lily	

品牌：Delfino/德尔菲诺
有无图案：有图案
每卷宽度(m)：0.53
每卷长度(m)：10
计价单位：1卷
辅材套餐：仅墙纸
颜色分类：素雅米白 森然淡绿 百搭米黄
风格：美式乡村
面层工艺：印花
适用空间：客厅 书房 卧室 婚房 老人房 儿童房
产地：中国计价
单位：卷墙纸
规格：5.3㎡/卷

图2-4-18　物料样表（样表，条件允许时可以附以材料实物）

（二）项目预算

1.项目预算方法

施工图完成以后，工程动工以前，设计师会依据施工图样，和工程部沟通，制定出相应的预算文件，以此作为签订工程合同、进行工程施工准备和工程结算的依据。

从居住空间装饰工程的内容来看，工程预算通常按照综合单价的形式报价，内容包括装饰工程直接费用和其他费用，直接费用通常计算的是各个功能空间所需的费用，其他费用一般包括垃圾清运费、水电费、工程管理费、设计费等。为业主代购的主材、家具、家电等，一般会单项专门列出。

2.家装预算案例

如图2-4-19至图2-4-20。

装饰工程造价表

公司名称：　公司地址：　工艺做法：

房屋类型：　项目地址：　客户名称：　设计师：

开工日期：　竣工日期：　客户联系方式：　设计师联系方式：

序号	名　称	单位	数量	单价		金额	备注
				材料	人工		
一	客厅、餐厅、过道部分						
1	顶面乳胶漆	m²	0	13	8	0	1.美涂士3000环保乳胶漆一底两面。2.披刮腻子三遍，打磨。
2	墙面乳胶漆	m²	0	13	8	0	1.美涂士3000环保乳胶漆一底两面。2.披刮腻子三遍，打磨。
3	毛坯墙白水泥 基础处理	m²	0	3	2	0	1.胶水滚涂毛坯墙基层。2.披刮白水泥。
4	原有白水泥墙 基础套胶	m²	0	3	1	0	胶水+人工+辅材。
5	智恒地固	m²	0	1	1	0	人工、材料。
6	电视背景板式 面板造型（单面）	m²	0	2	90	0	1.木龙骨基层或轻钢龙骨基层+木工板基层+装饰面板+简单面板沟缝装饰+实木平板收口。2.不含铁艺、玻璃、石材，金属等装饰件。3.不含油漆及油漆人工费。
7	墙面板式 石膏板造型（单面）	m²	0	130	70	0	1.木龙骨基层或轻钢龙骨基层+纸面石膏板+局部木工板造型收口（适用于乳胶漆饰面）。2.不含铁艺玻璃石材，金属等装饰件。3.不含乳胶漆及乳胶漆人工费。
8	石膏板全平无造型 石膏板隔墙（双面）	m²	0	80	70	0	1.木龙骨基层或轻钢龙骨基层+纸面石膏板（适用于乳胶漆饰面）。2.不含乳胶漆及乳胶漆人工费。

图2-4-19　装饰工程造价表（样表）

序号	名　称	单位	数量	单价		金额	备注
				材料	人工		
9	顶面矩形造型吊顶	m^2	0	85	35	0	1.轻钢龙骨基层+纸面石膏板+局部木工板造型收口（适用于乳胶漆饰面）。2.不含铁艺玻璃石材，金属等装饰件。3.不含乳胶漆及乳胶漆人工费。
10	装饰单面门套	米	0	50	35	0	1.木工板基层+实木饰面板饰面，60*10实木门套线收边。2.按门套延长米计算（不含油漆）。
11	窗帘盒制作	m	0	50	35	0	木工板基层+石膏板饰面。
12	装饰鞋柜（集成板实木）	m^2	0	460	150	0	1.集成板基层+背板十四集成板+实木平板线条收边， 木工板门扇外面实木板饰面（平板无造型）。2.鞋柜厚度300mm以内，高度900mm以内（不含油漆）。
13	鞋柜上玄关造型（加备注）	项	0	0	0	0	（加备注材料及工艺作法）
14	餐厅酒柜制作	m^2	0	420	150	0	1.木工板基层+柜内外均贴实木饰面板+25mm*3mm实木平板线条收边、实木饰面板（平板无造型）。2.柜体厚度：<400mm。隔板竖向间距>300mm，横向>350mm。
15	酒柜后石膏板 单面封墙	m^2	0	80	70	0	1.木龙骨基层或轻钢龙骨基层+纸面石膏板（适用于乳胶漆饰面）。2.不含铁艺玻璃石材，金属等装饰件。3.不含乳胶漆及乳胶漆人工费。
16	电视地柜制作	m	0	330	150	0	1.集成板基层+背板14mm集成板+实木饰面板+实木线条收边（适用于清漆、白漆、透底有色漆）。2.无柜门造型，高度不大于500mm，厚度不大于500~800mm。
17	南阳台地砖铺贴	m^2	0	16	15	0	1.人工、辅料、巢湖325#水泥。2.白水泥勾缝。3.不含地砖。
18	南阳台单面门套	m	0	50	35	0	1.木工板造型+实木饰面板60*10实木门套线收边（不含油漆）。2.按门套延长米计算。
19	墙体拆除	m^2	0	0	45	0	1.拆除后的补烂（含水泥、沙浆及人工费）及清运费。2.按实际施工面积结算。
20	衣柜基层	m^2	0	350	130	0	1.18mm集成板基层+背板14mm集成板+外边框25mm*3mm实木平板线条收边。2.衣柜深度：400~600mm。（不含油漆）（柜门拉手、抽屉拉手、挂衣杆甲供）。
21	双面门套	m	0	70	40	0	1.木工板基层+实木饰面板饰面，60*10实木门套线收边。2.按门套延长米计算（不含油漆）。
22	环保木器 白漆	m^2	0	45	33	0	1.三底二面、美涂士金刚底漆哑光耐黄变白面漆。2.按实际面积计算。
23	环保木器 清漆	m^2	0	35	23	0	1.三底二面、美涂士金刚环保木器底漆+面漆。2.按实际面积计算。
24	柜内环保木器 清漆	m^2	0	16	10	0	1.三底二面、美涂士金刚环保木器底漆+面漆。2.按实际面积计算。
	小计					0	
二	主卧室部分						
1	顶面乳胶漆	m^2	0	13	8	0	1.美涂士3000环保乳胶漆一底两面。2.披刮腻子三遍，打磨。
2	墙面乳胶漆	m^2	0	13	8	0	1.美涂士3000环保乳胶漆一底两面。2.披刮腻子三遍，打磨。
3	毛坯墙白水泥基础处理	m^2	0	3	2	0	1.胶水滚涂毛坯墙基层。2.披刮白水泥。
4	原有白水泥墙 基础套胶	m^2	0	1	1	0	胶水+人工+辅材。
5	智恒地固	m^2	0	2	1	0	人工、材料。
6	顶面矩形造型吊顶	m^2	0	85	35	0	1.轻钢龙骨基层+纸面石膏板+局部木工板造型收口（适用于乳胶漆饰面）。2.不含铁艺玻璃石材，金属等装饰件。
7	平开门门芯（全杉木实芯）	樘	0	420	180	0	全杉木实心基层+实木饰面板饰面，42mm*8.0mm实木线收边。
8	装饰造型双面门套	米	0	70	40	0	1.木工板基层+实木饰面板饰面，60*10实木门套线收边。2.按门套延长米计算（不含油漆）。
9	门安装及门零件	樘	0	40	40	0	1.含25元/副高级铜合页、10元/副高级门吸。2.安装调效实木门、锁具安装。
10	窗帘盒制作	米	0	50	35	0	木工板基层+石膏板饰面。

图2-4-19　装饰工程造价表（样表）　续表1

序号	名　　称	单位	数量	单价		金额	备注
				材料	人工		
11	顶面矩形造型吊顶	米	0	50	35	0	1.木工板基层+实木饰面板饰面，60*10实木门套线收边。2.按门套延长米计算（不含油漆）。
12	衣柜基层	m²	0	350	130	0	1.18mm集成板基层+背板14mm集成板+外边框25mm*3mm实木平板线条收边。2.衣柜深度：400~600mm（不含油漆）。
13	环保木器 白漆	m²	0	45	33	0	1.三底二面、美涂士金刚底漆哑光耐黄变白面漆。2.按实际面积计算。
14	环保木器 清漆	m²	0	35	23	0	1.三底二面、美涂士金刚环保木器底漆+面漆。2.按实际面积计算。
15	柜内环保木器 清漆	m²	0	16	10	0	1.一底一面、美涂士金刚环保木器底漆+面漆。2.按实际面积计算。
	小计					0	
三	北次卧室部分						
1	顶面乳胶漆	m²	0	13	8	0	1.美涂士3000环保乳胶漆一底两面。2.披刮腻子三遍，打磨。
2	墙面乳胶漆	m²	0	13	8	0	1.美涂士3000环保乳胶漆一底两面。2.披刮腻子三遍，打磨。
3	毛坯墙白水泥基础处理	m²	0	3	2	0	1.胶水滚涂毛坯墙基层。2.披刮白水泥。
4	原有白水泥墙 基础套胶	m²	0	1	1	0	胶水+人工+辅材。
5	地固	m²	0	2	1	0	人工、材料。
6	顶面矩形造型吊顶	m²	0	85	35	0	1.轻钢龙骨基层+纸面石膏板+局部木工板造型收口（适用于乳胶漆饰面）。2.不含铁艺玻璃石材，金属等装饰件。
7	平开门门芯（全杉木实芯）	樘	0	420	180	0	全杉木实心基层+实木饰面板饰面，42mm*8.0mm实木线收边。
8	装饰造型双面门套	米	0	70	40	0	1.木工板基层+实木饰面板饰面，60*10实木门套线收边。2.按门套延长米计算（不含油漆）。
9	门安装及门零件	樘	1	40	40	80	1.含25元/副高级铜合页、10元/副高级门吸。2.安装调效实木门、锁具安装（不含锁具）。
10	窗帘盒制作	米	0	50	35	0	木工板基层+石膏板饰面。
11	装饰单边200以内窗套	米	0	50	35	0	1.木工板基层+实木饰面板饰面，60*10实木门套线收边。2.按门套延长米计算（不含油漆）。
12	衣柜基层	m²	0	350	130	0	1.18mm集成板基层+背板14mm集成板+外边框25mm*3mm实木平板线条收边。2.衣柜深度：400~600mm。
13	环保木器 白漆	m²	0	45	33	0	1.三底二面、美涂士金刚底漆哑光耐黄变白面漆。2.按实际面积计算。
14	环保木器 清漆	m²	0	35	23	0	1.三底二面、美涂士金刚环保木器底漆+面漆。2.按实际面积计算。
15	柜内环保木器 清漆	m²	0	16	10	0	1.三底二面、美涂士金刚环保木器底漆+面漆。2.按实际面积计算。
	小计					0	
四	厨房						
1	墙面墙砖铺贴	m²	0	16	15	0	1.人工、辅料、巢湖325#水泥。2.白水泥勾缝。3.不含地砖。
2	地面防滑砖铺贴	m²	0	16	15	0	1.人工、辅料、巢湖325#水泥。2.白水泥勾缝。3.不含地砖。
3	条形铝扣板吊顶	m²	0	130		0	1.轻钢龙骨+铝扣板。2.铝板规格 厚度0.6mm，80元/m。
4	铝制阴角线	m	0	8	4	0	专用铝阴角线。
5	装饰造型双面门套	米	0	70	40	0	1.木工板基层+实木饰面板饰面，60*10实木门套线收边。2.按门套延长米计算（不含油漆）。
6	环保木器 清漆	m²	0	35	23	0	1.三底二面、美涂士金刚环保木器底漆+面漆。2.按实际面积计算。
	小计					0	
五	卫生间						
1	墙面墙砖铺贴	m²	0	16	15	0	巢湖厂325#水泥、中粗砂、白水泥勾缝，墙砖另计。
2	地面防滑砖铺贴	m²	0	16	15	0	巢湖厂325#水泥、中粗砂、白水泥勾缝，墙砖另计。

图2-4-19 装饰工程造价表（样表） 续表2

序号	名　　称	单位	数量	单价		金额	备注
				材料	人工		
3	（特殊）马赛克铺贴	㎡	0	26	30	0	1.人工、辅料、巢湖325#水泥。2.白水泥勾缝。3.不含马赛克。
4	条形铝扣板吊顶	㎡	0	130		0	1.轻钢龙骨+铝扣板。2.铝板规格 厚度0.6mm，80元/m。
5	铝制阴角线	m	0	8	4	0	专用铝阴角线。
6	装饰造型双面门套	米	0	70	40	0	1.木工板基层+实木饰面板饰面，60*10实木门套线收边。2.按门套延长米计算。
7	卫生间下水隔音处理	项	1	200	100	300	人工、材料。
8	(下沉试)卫生间地面处理	㎡	0	120	70	0	1.人工。2.砖砌基础+50mm水泥预置板+混凝土找平。
9	（特殊）玻璃砖安装	㎡	3	50	30	240	人工、辅料。（不含玻璃砖）
10	环保木器 清漆	㎡	0	35	23	0	1.三底二面、美涂士金刚环保木器底漆+面漆。2.按实际面积计算。
	小计					540	
六	水电部分						
1	明装电线敷设	米	0	26		0	含线管、管件、电线(新干线绿宝)铜芯线及安装、按实际数量结算。
2	暗装电线敷设（开槽）2.5㎡	米	0	30		0	含线管、管件、电线(新干线绿宝)、开槽、布线、补灰、按实际数量结算。
3	暗装电线敷设（开槽）4㎡	米	0	40		0	含线管、管件、电线(新干线绿宝)、开槽、布线、补灰、按实际数量结算。
4	暗装电线敷设（开槽）6㎡	米	0	46		0	含线管、管件、电线(新干线绿宝)、开槽、布线、补灰、按实际数量结算。
5	暗装电线敷设（开槽）10㎡	米	0	60		0	含线管、管件、电线(新干线绿宝)、开槽、布线、补灰、按实际数量结算。
6	冷水改造(上海 伟星PPR水管)	米	0	58		0	含PPR管件、开槽、布管、补灰、按实际数量结算（管径2.0cm*2.3cm）。
7	热水改造(上海 伟星PPR水管)	米	0	58		0	含PPR管件、开槽、布管、补灰、按实际数量结算（管径2.0cm*2.8cm）。
8	PVC下水改造(管径40mm-70mm)	米	0	40		0	
9	PVC下水改造(管径110mm)	米	1	50		80	
10	视频线(浙江 001)	米	0	28		0	含线管、管件、线路、开槽、布线、补灰、按实际数量结算。
11	宽带线(安徽 安普)	米	0	28		0	含线管、管件、线路、开槽、布线、补灰、按实际数量结算。
12	电话线(安徽 皖东)	米	0	28		0	含线管、管件、线路、开槽、布线、补灰、按实际数量结算。
13	暗盒敷设(鸿 雁)	只	0	5		0	含开槽、暗盒、补灰、按实际数量结算。
14	客厅主灯安装	盏	0	50		0	
15	卧室主灯安装	盏	0	30		0	
16	吸顶灯安装	盏	0	12		0	
17	筒灯安装	盏	0	13		0	
18	开关、插座 安装	只	0	3		0	
19	厨房挂件 安装	件	0	15		0	
20	洗面盆下水 安装	件	0	30		0	
21	坐便器 安装	件	0	30		0	
22	水龙头 安装	个	0	6		0	
23	浴缸 安装(封砖、贴砖另计)	个	0	80		0	
	小计					0	

图2-4-19 装饰工程造价表（样表） 续表3

序号	名　　称	单位	数量	单价		金额	备注
				材料	人工		
七	其他类						
1	材料运输及中转	m²	0	0	6	0	按照建筑面积算（高层：六楼以上每加一层加50元）。
2	垃圾清运费（有电梯按400元/户）	项	1	0	300	300	多层住宅，按楼层计算：一楼300元，以上每加一层加50元。
3	包下水管	根	0	150		0	水泥沙浆红砖。
4	地面防水	m²	0	53		0	专业防水处理、厨房及卫生间周边加高100mm、作闭水试验。
5	完工保洁	m²	0	0	2	0	按照建筑面积计算、完工后全面清理和保洁。
6	工程施工运征费	套	0			0	本预算为不含工程施工远征报价，该项费用无论任何理由均由甲方承担。
	小计					0	
A	工程直接费					1730.00	
B	工程管理费	A*8%				138.40	
C	税金	（A+B）*3.53%				0.00	
D	设计费（按建筑面积）	m²	0	80		0.00	若发生设计费则应在预算中体现出来。工程设计费的录入在预算软件的设计费中输入具体金额即可。
E	工程总造价（小写）	A+B+C+D				1868.40	

综合说明

1. 电源采用合肥(绿宝新干线)铜芯线。接线盒及线管采用多联。照明主线用2.5平方，空调线用4平方，普插用2.5平方,不含开关插座。

2. 水管采用PPR热合管。专业安装。

3. 预算中主要材料已作单价说明。为预算报价依据，结算价按实际材料单价结算，多退少补。

4. 关于工程量完工结算的说明：所有项目工程量结算均按现场完工实测工程量为结算依据。

5. 预算未含项目如发生，按现场签证纳入结算。预算包含的项目如因业主要求变更产生相关费用，按现场签证纳入结算。

6. 预算表中各材料及人工单价除已明确注明以外，其余都为固定单价。本公司对外报价为统一工艺标准，统一价格，任何工作人员口头承诺均视为无效承诺，不具法律效力。

7. 本材料说明解释权归皖龙港装饰公司所有。本工程采用材料如发生市场缺货，可以采用同等档次材料替换。甲方应在可能之情况下理解及支持。

图2-4-19　装饰工程造价表（样表）　续表4

代购项目

代购项目	单位	数量	单价	小计	备注
家具					
电视柜	个				
餐桌椅	套				
洁具					
马桶	个				
浴缸	个				
灯具					
客厅吊灯	盏				
餐厅吊灯	盏				
其他类					
楼梯踏步	踏				
电视背景墙面石材	平方				
飘窗石材台面	平方				
以上各项共计（元）					
	代购费				
	总造价				

备注：

1. 此预算为现金收讫账，一式三份。客户保留一份，公司两份。工程交工结算后可领取公司提供的厂家材料发票。如需保修产品，均有材料商提供的保修卡。

2. 实际定购材料前，定购材料的品牌、型号、规格、数量、价位需再次详细核实确认（公司材料部让客户填写“主材代购单”，实际发货将以“主材代购单”为准），由客户签字认可生效。

3. 此预算为前期预算，后期结算按实际发生量结算。

4. 如实际发生代购材料和此预算有变更，变更前由设计师和客户再次确认品牌、型号、规格、数量、价位等。

5. 单项主材安装、客户确认验收后，如有变更，另行增加变更费用。

图2-4-20　代购项目表（样表）

三、工程协调

设计监理作业流程及权力范围等可依业主实际需求或监理能力进行弹性调整。对于设计监理作业内容，应有其现场监督和工序交接验收，确保施工单位对设计单位的图纸及施工规范能确实执行。在业主方及施工方之间切实做好沟通及联系工作，并扮演中间的公证人角色，以避免双方产生不必要的摩擦或误会。

（一）工程合同签订

1.居室装饰工程合同签订

居住空间装饰工程属于中小型装饰工程，并且多为私人项目，建设部并没有颁布统一的示范文本。为了规范家居装饰市场，保护业主的合法权益，各个省市相关部门陆续发布了地方性的家居装饰工程施工合同示范文本，其主要内容包括装饰的内容、面积的大小、装饰范围、工期、质量与验收、总费用、结算方式、材料供应、保修期限等条款。

2.室内装修施工合同样本

室内装修施工合同

发包方（以下简称甲方）：________________	承包方（以下简称乙方）：________________
委托代理人（姓名）：________________	单位名称：________________
单位：________________	资质等级：________________
住所地址：________________	营业执照号：________________
联系电话：________________	注册地址：________________
手机号：________________	法定代理人：________________
	联系电话：________________
本工程设计人：________________	委托代表人：________________
联系电话：________________	联系电话：________________
施工队负责人：________________	
联系电话：________________	

依照《中华人民共和国合同法》及有关法律、法规的规定，结合本市实际，甲、乙双方经协商一致，就乙方承包甲方的住宅室内装饰装修工程（以下简称工程）的有关事宜，达成如下协议：

第一条　工程概况

1. 工程地点：________________________________

2. 施工项目及要求：（见附表一：装饰装修工程施工项目确认表，附表二：住宅室内装饰装修工程内容和做法一览表）

3. 工程承包方式，双方商定采取下列第________种承包方式：

（1）乙方包工、包全部材料（见附表五：乙方提供装饰装修材料明细表）；

（2）乙方包工、部分包料，甲方提供部分材料（见附表四：甲方提供装饰装修材料明细表，附表五：乙方提供装饰装修材料明细表）；

（3）乙方包工、甲方包全部材料（见附表四：甲方提供装饰装修材料明细表）。

4. 工程期限________天；开工日期________年________月________日；竣工日期________年________月________日

5. 合同价款：本合同工程造价为（人民币）________元，金额大写：________元（详见附表三：住宅室内装饰装修工程报价单）

第二条　工程监理

若本工程实行工程监理，甲方与监理公司另行签订《工程监理合同》，并将监理工程师的姓名、单位、联系方式及监理工程师的职责等通知乙方。

第三条　施工图纸

双方商定施工图纸采取下列第________种方式提供：

1. 甲方自行设计并提供施工图纸，图纸一式三份，甲方、乙方、装饰主管部门各执一份（见附表六：住宅室内装饰装修工程设计图纸）；

2. 甲方委托乙方设计施工图纸，图纸一式三份，甲方、乙方、装饰主管部门各执一份（见附表六：住宅室内装饰装修工程设计图纸），设计费__________元由甲方支付（此费用不在工程价款内）。

第四条　甲方工作

1. 开工前________天，为乙方入场施工创造条件，包括搬清室内家具、陈设或将室内不易搬动的家具、陈设归堆、遮盖，以不影响施工为原则；

2. 提供施工期间的水源、电源；

3. 负责协调施工队与邻里之间的关系；

4. 如需拆改原建筑的结构或设备管线，甲方负责到有关部门办理相应的审批手续；

5. 施工期间甲方仍需部分使用该居室的，负责做好施工现场的保卫及消防等项工作；

6. 参与工程质量和施工进度的监督，按本合同第七条、第十条约定负责材料及工程竣工验收。

第五条　乙方工作

1. 施工中严格执行安全施工操作规范、防火规定、施工规范及质量标准，按期保质完成工程；

2. 严格执行本市有关施工现场管理的规定，不得扰民及污染环境；

3. 保护好原居室室内的家具和陈设，保证居室内上、下水管道的畅通；

4. 保证施工现场的整洁，工程完工后负责清扫施工现场，交付前应打扫卫生一次。

第六条　工程变更

工程项目或施工方式如需变更，双方应协商一致，签订书面变更协议，同时调整相关工程费用及工期（见附表七：装饰装修工程变更单）。

第七条　材料供应

1. 按合同约定由甲方提供的材料、设备（见附表四：甲方提供装饰装修材料明细表），甲方应在材料到施工现场前通知乙方，双方共同验收并办理交接手续；

2. 按合同约定由乙方提供的材料、设备（见附表五：乙方提供装饰装修材料明细表），乙方应在材料到施工现场前通知甲方，双方共同验收。

第八条　工期延误

1. 对以下原因造成竣工日期延误，经甲方确认，工期相应顺延：

（1）工程量变化或设计变更；

（2）不可抗力；

（3）甲方同意工期顺延的其他情况。

2. 因甲方未按合同约定完成其应负责的工作而影响工期的，工期顺延：因甲方提供的材料、设备质量不合格而影响工程质量的，返工费用由甲方承担，工期顺延。

3. 甲方未按期支付工程款，合同工期相应顺延。

4. 因乙方责任不能按期完工，工期不顺延，因乙方原因造成工程质量存在问题的，返工费用由乙方承担，工期不顺延。

第九条　质量标准双方约定本工程质量按下列标准执行

1. 《××市住宅装饰装修验收标准》。（见附件十一）

2. 双方商定条款：施工过程中双方对工程质量发生争议，申请由_________部门对工程质量予以鉴定，经鉴定工程质量不符合合同约定的标准，鉴定过程支出的相关费用由乙方负责，经鉴定工程质量符合约定的标准，鉴定过程支出的相关费用由甲方负责。

第十条　工程验收和保修

1. 双方约定在施工过程中分下列几个阶段对工程质量进行验收：_________，乙方应提前两天通知甲方验收，阶段验收合格后应填写工程验收单（见附表八：工程验收单）；

2. 工程竣工后，乙方应通知甲方验收，甲方应自接到验收通知后两天内组织验收，填写工程验收单。在工程款结清后，办理移接手续（见附表九：工程结算单）；

3. 本工程自验收合格双方签字之日起保修期为二年，有防水要求的厨房，卫生间等保修期为5年。验收合格签字后，填写工程保修（见附表十：工程保修单）。

第十一条　工程款支付方式

1. 双方约定按下列第_________种方式支付工程款：

（1）此合同签订地为：本市_________住宅装饰装修市场，工程款分两次支付：第一次开工前三日，甲方向乙方支付合同总金额的60%，即_________元；第二次于工程进度过半，将剩余工程款的40%，即_________元，由市场的有关管理部门负责代收。（注：此种工程款支付方式仅限于在市场内签订的合同使用，合同需经市场有关管理部门认证）

（2）合同生效后，甲方按下表中的约定直接向乙方支付工程款：

支付次数	支付时间	支付金额（元）
第一次	开工前三日	
第二次	工程进度过半	
第三次	双方验收合格	

2. 工程验收合格后，乙方应向甲方提出工程结算，并将有关资料送交甲方。甲方接到资料后_________日后如未有异议，即视为同意，双方应填写工程结算单（见附表九：工程结算单）并签字，甲方应在签字时间向乙方结清工程尾款。

3. 工程款全部结清后，乙方应向甲方开具正式统一发票。

第十二条　违约责任

1. 合同双方当事人中的任一方因未履行合同的约定或违反国家法律、法规及有关政策规定，受到罚款或给对方造成经济损失均由责任方承担责任，并赔偿对方因此造成的经济损失；

2. 未办理验收手续，甲方提前使用或擅自动用工程成品而造成损失的，由甲方负责；

3. 因一方原因，造成合同无法继续履行时，该方应及时通知另一方，办理合同终止手续，并由责任方赔偿对方相应的经济损失；

4. 甲方未按期支付第二（三）次工程款的，每延误一天向对方支付违约金＿＿＿＿＿元；

5. 由于乙方原因，工程质量达不到双方约定的质量标准，乙方负责修理，工期不予顺延；

6. 由于乙方原因致使工程延误，每延误一天向对方支付违约金＿＿＿＿＿元。

第十三条 合同争议的解决方式

双方发生争议协商解决不成时，按下列第＿＿＿＿＿种方式解决：

1. 向当地仲裁委员会申请仲裁；

2. 向＿＿＿＿＿人民法院起诉。

第十四条 几项具体规定

1. 因工程施工而产生的垃圾，由乙方负责运出施工现场，并负责将垃圾运到指定的＿＿＿＿＿地点，甲方负责支付垃圾清运费用（人民币）＿＿＿＿＿元（此费用不在工程价款内）；

2. 施工期间，甲方将外屋门钥匙＿＿＿＿＿把，交给乙方施工队负责人＿＿＿＿＿负责保管。工程竣工验收后，甲方负责提供新锁＿＿＿＿＿把，由乙方当场负责安装交付使用。

3. 施工期间，乙方每天的工作时间为：上午＿＿＿＿＿点＿＿＿＿＿分至＿＿＿＿＿点＿＿＿＿＿分；下午＿＿＿＿＿点＿＿＿＿＿分至＿＿＿＿＿点＿＿＿＿＿分。

第十五条 其他约定条款＿＿＿＿＿。

第十六条 附则

1. 本合同经甲、乙双方签字（盖章）后，经房地产管理部门鉴证之日起生效。

2. 本合同签订后工程不得转包。

3. 凡在本市住宅装饰装修市场内签订合同的，本合同一式三份，甲、乙双方及市场有关管理部门各执一份。

4. 合同履行完后自动终止。

甲方（签章）：＿＿＿＿＿ 乙方（签章）：＿＿＿＿＿

＿＿＿＿＿年＿＿月＿＿日 ＿＿＿＿＿年＿＿月＿＿日

（二）工程协调

1.施工交底

签订工程合同之后的第一步就是施工交底，参与项目的业主、设计师、工程监理、施工负责人等各方人员都要共同参与。设计师在现场向施工负责人详细讲解整个项目的工作内容、图纸情况、现场需要保留的设备、现场存在的问题、现场制作要求、特殊材料和工艺做法等，填写施工交底表（如图2-4-21）。

2.施工过程协调与验收

从工程动工到工程验收的整个施工过程中，设计人员应该定期不定期到现场进行查看，配合施工人员，及时发现解决实际问题，微调设计方案细节，保证设计意图的顺利实施。

施工交底记录表

施工交底记录表		编号	
工程名称		交底日期	年　月　日
施工单位		分项工程名称	
参与人员			
交底提要			

图2-4-21　施工交底记录表（样表）

文件类资料

数据类别	数据内容	适用软件	数据处理	资料来源
计划性文书	联络表	Word	更新保存	新建
	项目任务书	-	参考保存	新建
	工作进度表	-	-	-
业主住宅资料副本	建筑副本	-	复印	业主提供
	住宅资料副本	-	复印	业主提供
	现场勘察表	-	参考保存	现场勘测
公事往来记录文件	设计工作进度表	-	参考修正	新建
	项目进度表	-	更新保存	新建
	外来传真文件	-	记录保存	作业联络
	对外传真文件	Word	记录保存	新建
	签收数据记录	-	记录保存	新建
	会议记录	Word	记录保存	新建
	设计委托书合同	Word	记录保存	新建记录
	工程装修合同	Word	记录保存	新建记录

图2-4-22 文件类资料

（三）项目归档

项目档案是关于项目的第一手资料，它以真实、准确、完整、翔实的特色再现了整个设计项目的全貌，可以起到溯本求源的作用，帮助解决后期出现的各种问题。因此，在施工过程之后，把与本项目相关的内容进行整理并做好分类保存。

项目档案一般按照文件类资料、图纸资料、建材资料、机电设备资料进行分类。具体如下所示。

1.文件类资料

如图2-4-22。

2.图纸资料

如图2-4-23。

3.建材资料

如图2-4-24。

4.施工资料

如图2-4-25。

图纸资料

数据类别	数据内容	适用软件	数据处理	资料来源
设计提案	简报数据	PPT	记录保存	新建
设计方案	平面布置图	CAD	记录保存	新建
	功能空间效果图	3Dmax	记录保存	新建
	设计方案排版	Photoshop	记录保存	新建
施工图	封面	CAD	参考及施工	新建
	目录	CAD	施工	新建
	施工说明	CAD	参考及施工	新建
	平面图（原始平面图、拆建平面图、平面布置图、地面材质图）	CAD	施工	新建
	顶棚图	CAD	参考及施工	新建
	水路图	CAD	参考及施工	新建
	电路图（插座图、开关图、弱电图）	CAD	-	新建
	节点大样图	CAD	-	新建
修正	业主修正通知	-	参考修正	业主通知
	修正记录	CAD	参考修正	作业记录
	其他图片记录文件	-	参考修正	作业记录

图2-4-23 图纸资料

建材资料

数据类别	数据内容	适用软件	数据处理	资料来源
建材数据	建材厂商名册		记录保存	公司资料
	材料清单及图片		记录保存	公司资料
	材料手册		记录保存	公司资料
软装数据	厂商名册		记录保存	公司资料
	家具清单及图片		记录保存	公司资料
	织品清单及图片		记录保存	公司资料
	照明设备清单及图片		记录保存	公司资料
	卫浴设备清单及图片		记录保存	参考新建

图2-4-24 建材资料

施工资料

数据类别	数据内容	适用软件	数据处理	资料来源
施工交底	施工交底记录表	JPG	记录保存	新建记录
施工交底	相关会议记录	Word	记录保存	新建记录
	工程监理记录	Word	记录保存	新建记录
施工交底	水路图资料	-	记录保存	新建记录
	电路图资料	-	记录保存	新建记录
施工交底	竣工验收单	-	记录保存	新建记录
	项目照片	-	记录保存	新建记录

图2-4-25 施工资料

小贴士

设计实施很重要，有可能很多初入行业的设计人员并不认同，认为设计方案的效果图才是压倒一切的工作。但是我们在这里要说，设计实施是设计的最终目的，因为它，设计才有了价值。

延展篇
居住空间设计拓展

案例赏析

拓展途径

居住空间

第一节 案例赏析

【本节内容】 各式居住空间设计案例赏析

【训练目标】 了解各种居住空间类型的内容与设计要点，深入理解不同居住环境下的具体空间特点，提升专业素养

【训练要求】 通过案例赏析和现场参观相结合提升专业素养

【训练时间】 6-10课时

一、单元式居住空间设计案例赏析

工程名称：大连海洋公园C4样板房
坐落地点：大连
面积：117m²
设计单位：梁志天设计有限公司
设计时间：2013.11
竣工时间：2014

设计师介绍——梁志天

梁志天（Steve Leung），香港十大顶尖设计师之一，拥有香港大学建筑学学士、城市规划硕士等多个显赫学历，积累了丰富的设计经验。1997年创立了梁志天建筑师有限公司及梁志天设计有限公司。

1999—2010年九度获得素有室内设计奥斯卡之称的Andrew Martin International Awards，被甄选为全球31位著名室内设计师之一。

2005 《现代装饰》（国际）室内设计年度传媒奖年度最具影响力设计师；香港传艺节十大杰出设计师大奖；《时尚先生》时尚年度设计师；中国新华社《人居》杂志十佳媒体人物奖。

2006 中国企业最具创新力十大杰出人物；中国优秀民营企业家。

2010 亚太室内设计双年大奖终身成就奖；中国室内装饰协会中国室内设计十大风云人物。

2015 10月22日，梁志天先生当选IFI 2015—2017年度候任主席，并于2017年度担任主席，成为历届第一位当选IFI主席的华人。

图3-1-1 梁志天

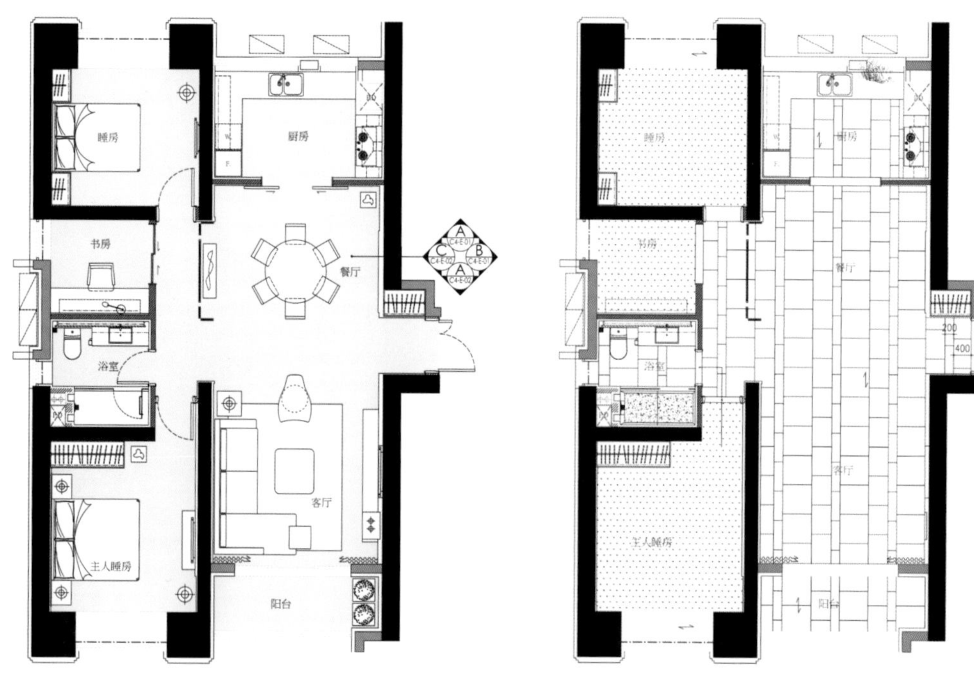

图3-1-2 平面布置图

图3-1-3 地面材质图

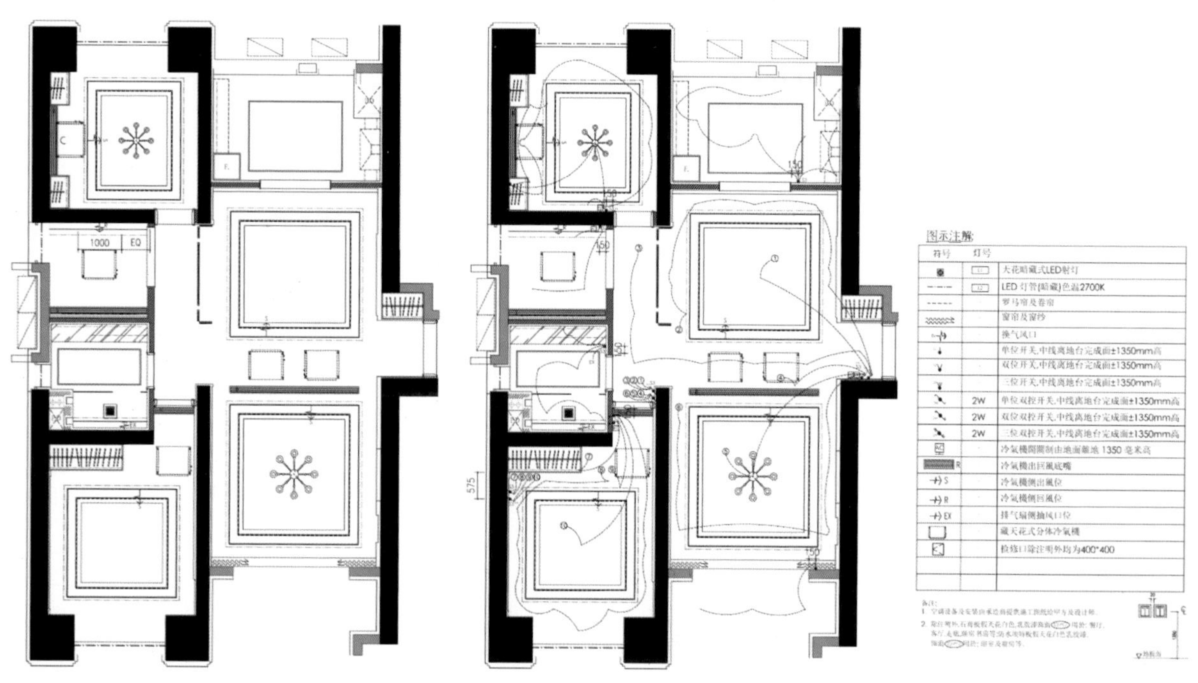

图3-1-4 天花图

图3-1-5 灯具连线图

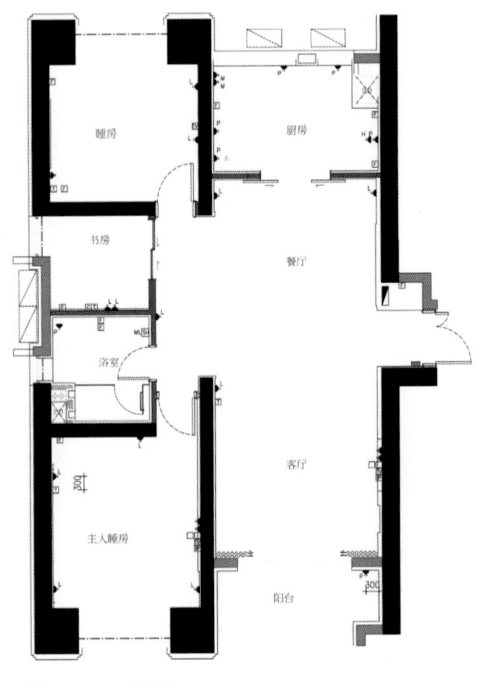

图3-1-6　插座图
图3-1-7　浴室效果图

图3-1-8　客厅效果图

STEVE LEUNG DESIGNERS

STEVE LEUNG DESIGNERS LTD 梁志天設計師有限公司
30/F Manhattan Place 23 Wang Tai Road Kowloon Bay Kowloon Hong Kong
T 852 2527 1600 F 852 2527 2071 www.steveleung.com

MATERIAL SPECIFICATION
材料明細表

JOB NO./ 項目編號 : D12877
DATE/出圖日期 : 14-01-2014
REVISION/修訂 :

PROJECT/項目: 大连海洋公园样板间项目

MATERIAL SPECIFICATION
材料明細表

Code/编号	Material/材料	Description/详细描述	Location/位置	Supplier/供应商	Remark/备注
C4-MR-02	灰镜	Code 型号 : 灰镜 Pattern 图案 : Color 颜色 : Width 宽 : Compo.成份 :	全屋区域指定墙面	DSA: 上海知雅玻璃建材有限公司 TEL 电话: 021-60955167 FAX 传真: 021-60955170 MOBILE 手机: 13901822936 EMAIL 电邮: zy-jason@top-glass.cn CONTACT: 彭亚雄	
C4-MR-03	夹丝镜	Code 型号 : YQ-098 Pattern 图案 : Color 颜色 : Width 宽 : Compo.成份 :	卫生间墙面	DSA: 上海知雅玻璃建材有限公司 TEL 电话: 021-60955167 FAX 传真: 021-60955170 MOBILE 手机: 13901822936 EMAIL 电邮: zy-jason@top-glass.cn CONTACT: 彭亚雄	
C4-WP-01	壁纸	Code 型号 : P15-16 Pattern 图案 : Color 颜色 : Width 宽 : Compo.成份 :	客餐厅墙面、书房墙面	DSA: Goodrich 优丽奇装潢材料商业（上海）有限公司 TEL 电话: 21-64868877 FAX 传真: 21-64691116 MOBILE 手机: 13636596305 EMAIL 电邮: gordon.ge@goodrichglobal.com.cn CONTACT: 葛 麟	
C4-WP-02	壁纸	Code 型号 : LIN-001 Pattern 图案 : Color 颜色 : Width 宽 : Compo.成份 :	主人睡房墙面	DSA: 上海勤瑞装饰材料有限公司 TEL 电话: 21-62108160 FAX 传真: 21-62108159 MOBILE 手机 13761438973 EMAI 电邮: 174898955@qq.com CONTACT: 王长征	
C4-WP-03	壁纸	Code 型号 : VIC1203 Pattern 图案 : Color 颜色 : Width 宽 : Compo.成份 :	睡房墙面	DSA: 上海勤瑞装饰材料有限公司 TEL 电话: 21-62108160 FAX 传真: 21-62108159 MOBILE 手机 13761438973 EMAI 电邮: 174898955@qq.com CONTACT: 王长征	
C4-WP-04	壁纸	Code 型号 : AD-5103A Pattern 图案 : Color 颜色 : Width 宽 : Compo.成份 :	睡房墙面	DSA: 陆加奉 TEL 电话: 21-60823750 FAX 传真: 21-60823753 MOBILE 手机: 13764239997 EMAIL 电邮: qzy775@163.com CONTACT: 钱兆胤	

图3-1-9 物料表示意表

图3-1-10 餐厅效果图

图3-1-11 主卧室效果图

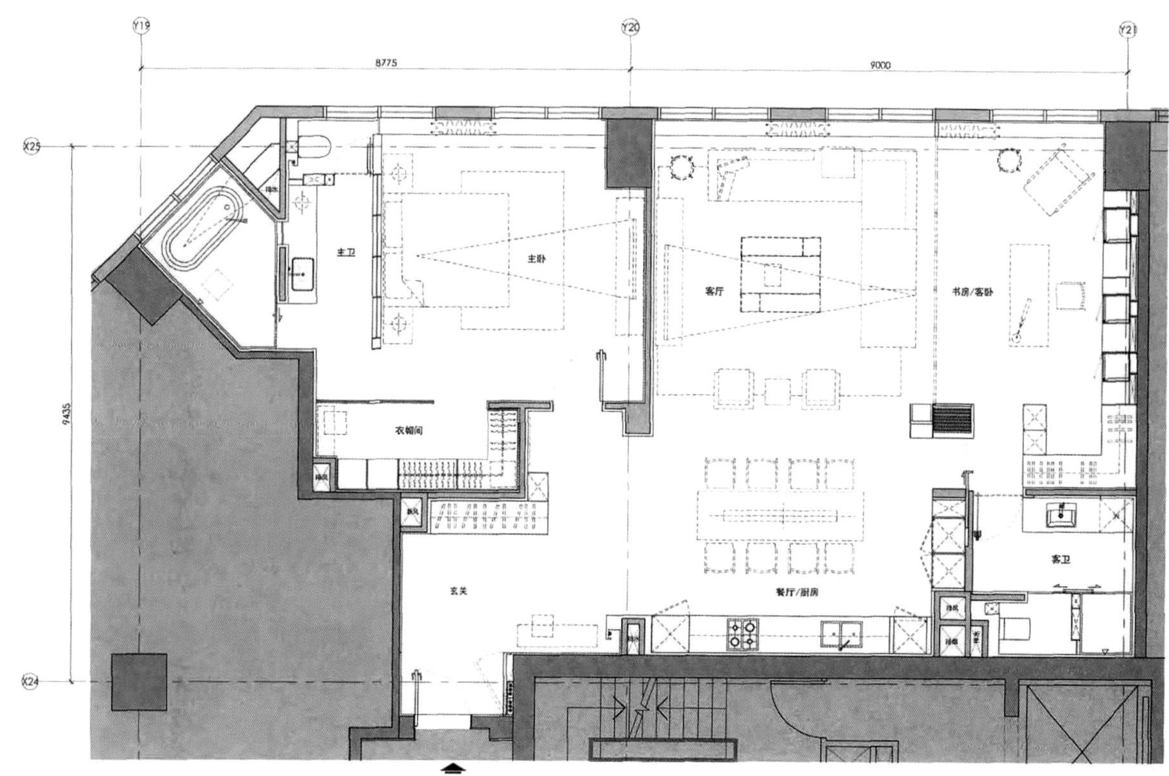

图3-1-12 平面图

二、公寓式居住空间设计案例赏析

工程名称：北京梵悦108商务住宅样板间
坐落地点：北京
面积：213 m^2
设计单位：李玮珉建筑师事务所
设计时间：2015.02
竣工时间：2015.09

北京梵悦108商务住宅样板间准备在繁华都市中打造一片安静的空间。入口以一整块纯天然的石材做隔断，仿若一下子隔开了都市的繁华，进入了一个自然本色的空间。进入一个以中国山水画为主题的社交空间：米其林私家厨房、宴会厅、会客厅、休闲吧台等多种功能空间集为一体。

由于CBD中生意与生活总是密不可分，因此，本套方案加大了客厅所占的分量，并加入了相应的娱乐与办公设备，在客厅中不仅可以休息，还可以聚会、讨论工作、宴请宾客，满足多种功能的需求。

卧室的设计中采用了石材与纯木相结合的方式，与窗外国贸CBD的璀璨景色相比，更加具有无限的禅意与平静。

图3-1-13 设计师李玮珉
台湾人，1991年创建李玮珉建筑师事务所，1995年成立上海越界室内装修工程顾问股份有限公司。作品涵盖了建筑设计、景观设计、展示空间设计、办公空间设计、酒店设计、医疗空间设计、剧场设计、博物馆设计、商业空间和住宅设计等多个领域。

左　图3-1-14　多种功能空间，勾画出了以山水中国画为主题独具一格的社交场景
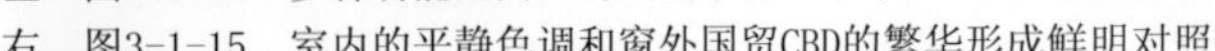
右　图3-1-15　室内的平静色调和窗外国贸CBD的繁华形成鲜明对照

图3-1-16　设计师将“Inner Peace”这特有的东方禅意巧妙地融入了设计之中，整个项目传递着一种内敛的沉静

左　图3-1-17　户型采用了石材与纯木相结合的设计，使其内部尺度感十足
右　图3-1-18　纯天然的石纹肌理，仿佛是万物被创造时的本色

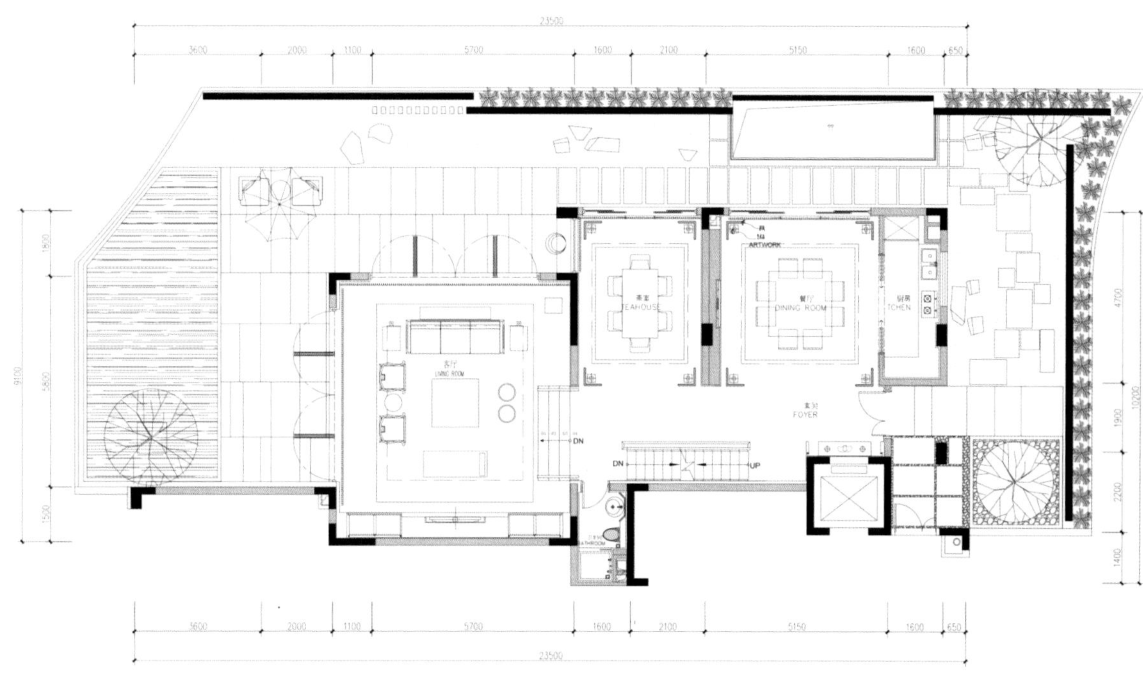

图3-1-19　一层平面布置图

三、别墅居住空间设计案例赏析

工程名称：深圳盐田长岭京基中式别墅
坐落地点：深圳盐田长岭
面积：970m²
设计单位：香港郑中设计事务所
设计时间：2013
竣工时间：2014

深圳盐田长岭京基中式别墅位于郊外的海滨之地，是一套地面两层、地下两层的现代建筑。一层以餐厅、客厅为主；二层以三个卧室为主；负一层以收藏品、酒吧、台球室的娱乐空间为主；负二层以桑拿、健身、视听、休息空间为主。别墅设计造型简洁，整体以浅色调为主，兼配以深色的木本色进行调和，在给人现代感的同时，又具有浓郁的文化底蕴。

香港郑中设计事务所简介

香港郑中设计事务所（以下简称CCD）是由香港著名设计师Joe Cheng——郑忠先生所创立，是中国境内最庞大及最富有成效的设计事务所之一，也是国际顶级品牌酒店室内设计机构之一。在美国2013年10月《室内设计》杂志的全球酒店室内设计百大排名中名列第三，是唯一进入该排名前75名的亚洲设计公司。CCD获得了数十个国际室内设计奖项，如金钥匙奖、IIDA、HD等，引领了行业的发展。

图3-1-20　设计师郑忠

图3-1-21
二层平面布置图
图3-1-22
负一层平面布置图
图3-1-23
负一层平面布置图

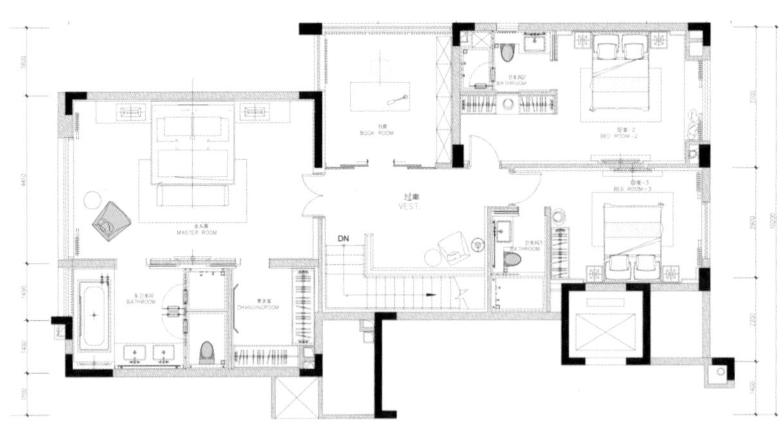

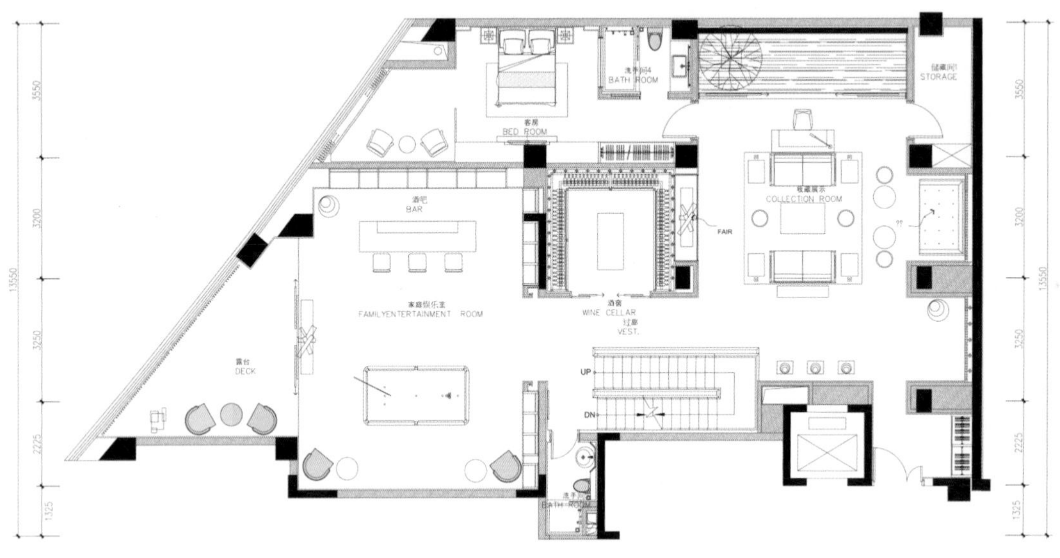

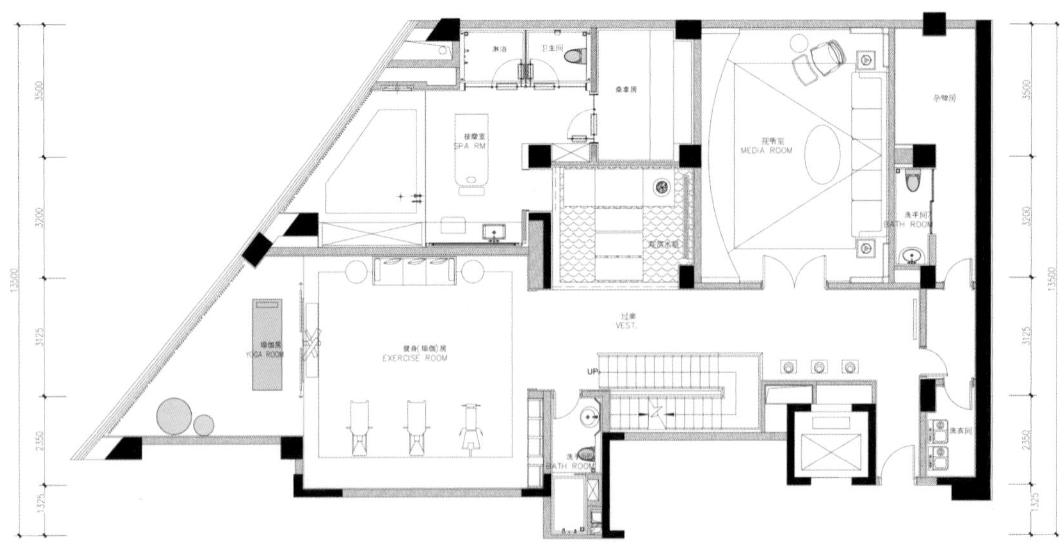

图3-1-24　客厅效果图
图3-1-25　娱乐室效果图
图3-1-26　健身房效果图
图3-1-27　卫生间效果图
图3-1-28　收藏室效果图
图3-1-29　主卧室效果图

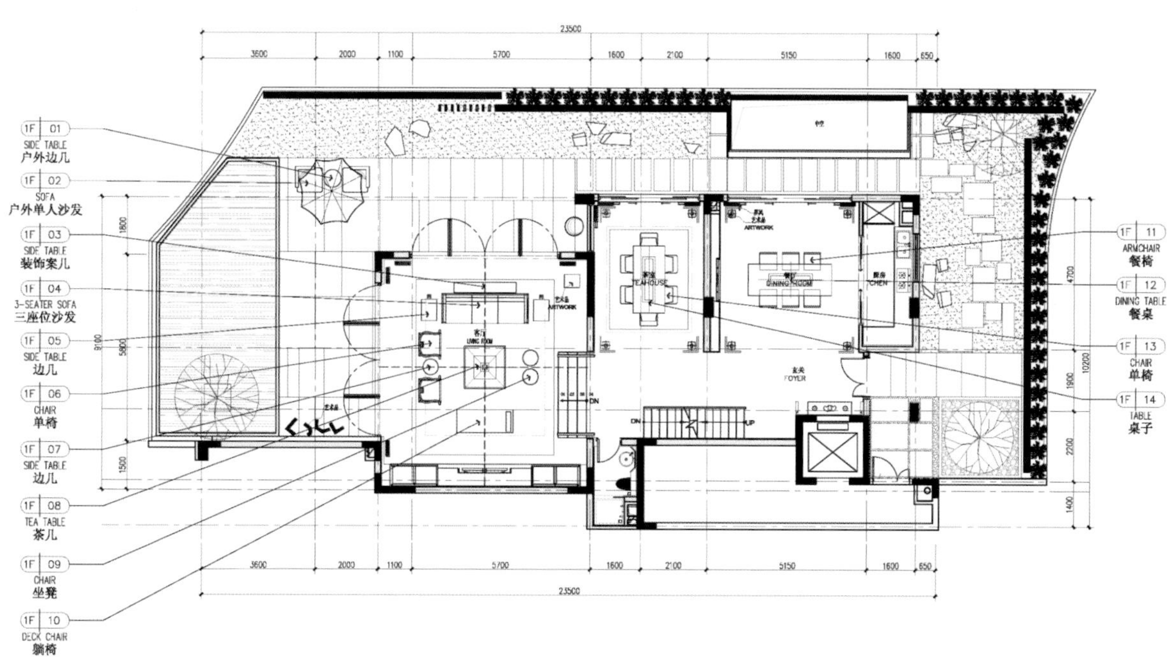

图3-1-30　影音室效果图

图3-1-31　一层物料书索引　（示例）

PROJECT 工程名稱	PROJECT NO. 工程编號	DATE 日期
KINGKEY CHANGLING VILLA SHENZHEN, CHINA 深圳京基长岭别墅		2012-12-1

FURNITURE SPECIFICATION
家具图表

Description 項目說明	SIDE TABLE 边几		
Item Code 項目編號	1F-05		
Location 位置	LIVING ROOM 客厅		
Page 頁碼	5	Quantity 數量	2
FURNITURE SPECIFICATION 家具详细内容			
Finish 飾面/顏色	胡桃木（哑光）		
Dimension 尺寸（mm）	Width 寬：550mm Deep 深：500mm Height 高：常规		
DETAILS/DESCRIPTION 设计说明	实木结构，外贴木饰面。		
LEADTIME 生产需时	60天		
Supplier 供應商			
Contact 聯繫人			
Tel 電話			
Fax 傳真			
FURNITURE FABRIC SPECIFICATION 家具布料详细内容			
MODEL 订货编号			
WIDE CUT 宽幅			
FOB 产地			
LEADTIME 生产需时			
Supplier 供應商			
Contact 聯繫人			
Tel 電話			
Fax 傳真			
Remarks 其他	1：製造商需提供圖紙給設計師批核。 2：家私数量如与平面图不符请与设计师沟通。		

NOTES備註

This drawing is for reference. All dimensions should be verified by the Contractor on site. This should be made in conjunction with the Design's specification and conditions of the contract. This drawing is the property of Cheng Chung Design (HK) Ltd. and is not to be reproduced without the Designer's consent.
圖片只作參考之用承辨商必須以地盤尺寸為准。
必須依設計師所訂樣版及尺寸為准。圖片屬於CCD未經准許不得翻印。
1. 材料須保證品質並符合大量施工需要;
2. 承建商應提供實物樣板供設計師認可;
3. 承建商必須提前預測材料定貨期事宜;
4如需替換同類其他品牌材料，需承建方提供同類品牌樣品供設計方重新確定。

图3-1-32 家具物料书 （示例）

图3-1-33　玄关

四、跃层（叠层）居住空间设计案例赏析

工程名称：北京万柳书院叠层样板房
坐落地点：北京
面积：535m²
设计单位：谭精忠
设计时间：2013.01
竣工时间：2014

北京万柳书院叠层样板房以艺术、质朴作为设计发想的主轴，体现了文人雅士的生活品位与精神世界，给人一种返璞归真的感觉。玄关采取了朴拙的深色钢刷木皮材质和现代镀钛金属，营造出了一种神秘的气氛。客餐厅采取了开放式空间，有豁达之意和宽宏的气度。厨房选用了中岛式的布局，各种机能分割明显且便于操作。主卧室采用了皮革床头，玻璃马赛克与镀钛喷漆色作点缀，舒适且时尚。主卧更衣室分类完整、使用性强，并以夹砂的格挡免除了开放式衣柜产生的落尘，整体如精品专柜一样折射出优雅的生活方式。

谭精忠

1989年，成立谭精忠室内设计工作室，第二年，获意大利Tecnhotel Pace Interior Design Awards 优胜奖。1999年起，相继成立动象国际室内设计有限公司、（上海）大隐室内设计有限公司、（台北）大隐室内设计有限公司。2006年，获亚太区室内设计大赛银奖、荣誉奖，2007年，获日本Enjoy-Sevice Space金、银奖。

图3-1-34　设计师谭精忠

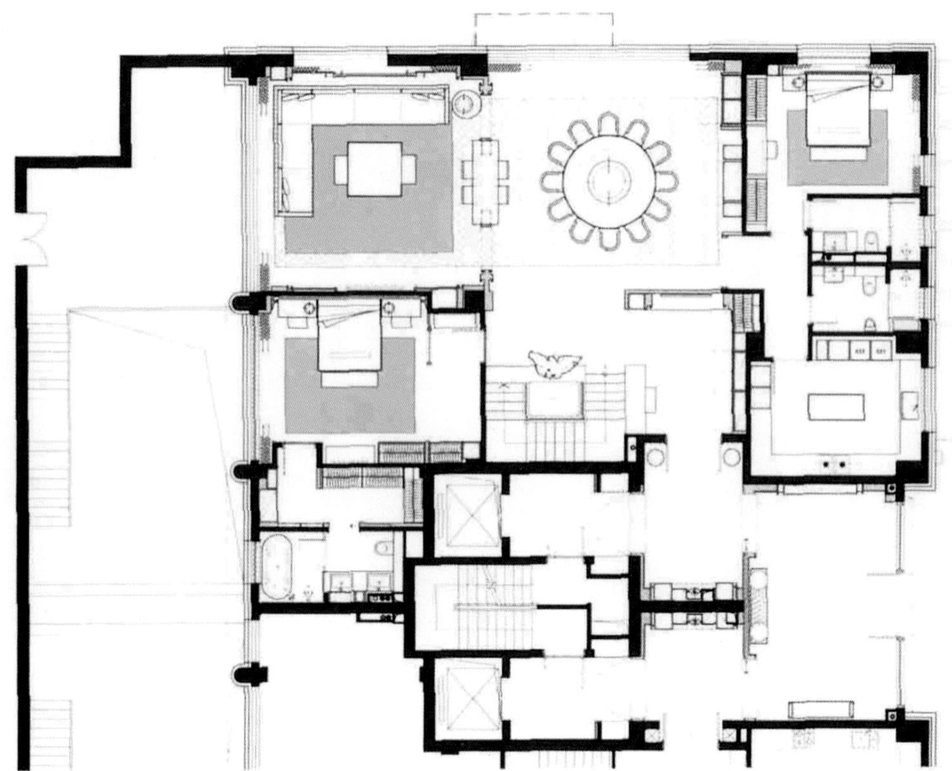

图3-1-35 一层平面图

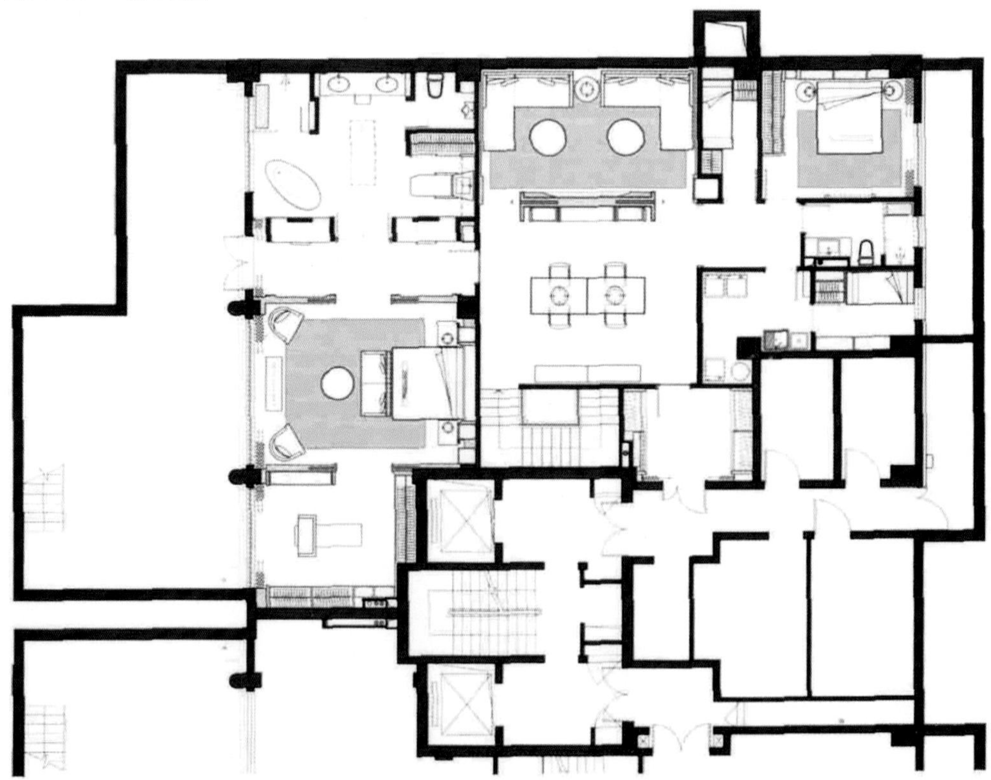

图3-1-36 地下层平面图

图3-1-37
客厅，开放式的客厅给人以宽敞豁达的意蕴
图3-1-38 敞开式厨房
图3-1-39 餐厅，从餐厅望向客厅
图3-1-40 客厅，沙发背景墙图

图3-1-41 主卧室
图3-1-42 共读书房
图3-1-43 卫生间

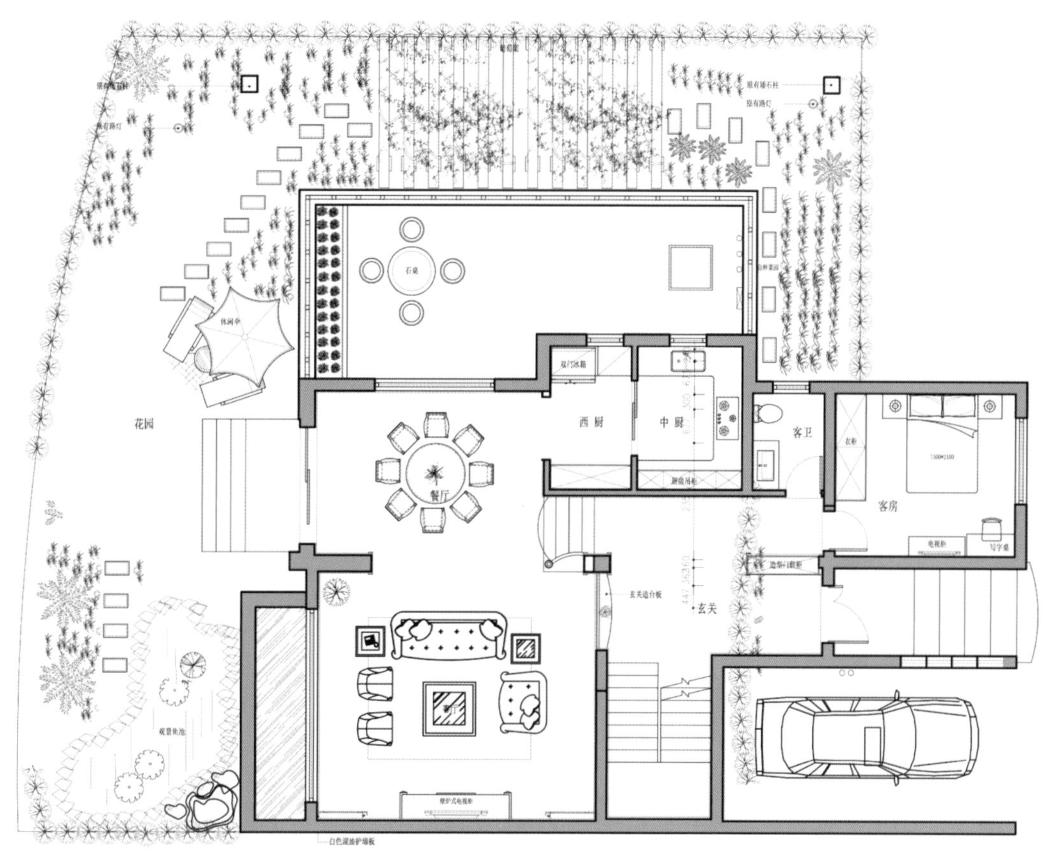

图3-1-44　一层平面布置图

五、连排花园式居住空间设计案例赏析

工程名称：南京依云溪谷美式双拼别墅
坐落地点：南京
面积：420m²
设计师：冯振勇

本案对于结构改动较大，把原结构的露台、阳台、地下室都做了相应的扩展，改造完后面积从420平方米扩充到了560平方米，使用空间更大更实用。为了使设计经久耐看，别墅用材应避免选择过于流行、鲜亮的材质，而选择实木、石材和纯铜等，更能经得起岁月的洗刷、时间的演变。

图3-1-45　入口大门

图3-1-46　负一层平面布置图

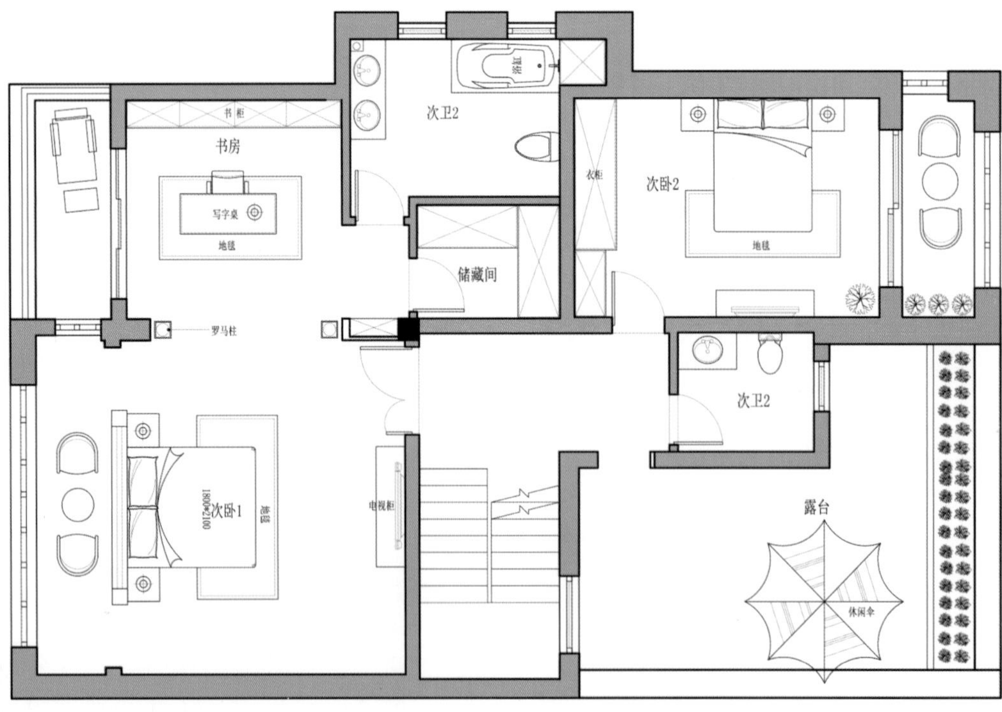

图3-1-47　二层平面布置图

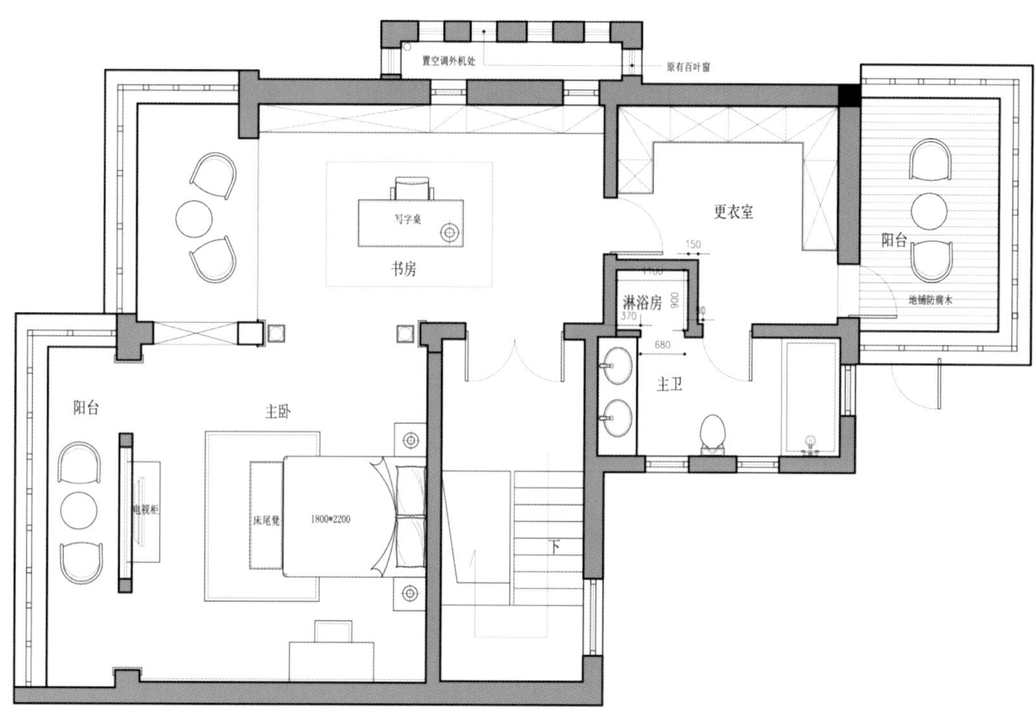

图3-1-48 三层平面布置图

图3-1-49 厨房

图3-1-50 餐厅

图3-1-51 主卧室

图3-1-52 次卧室

图3-1-53 客厅

图3-1-54 娱乐厅

图3-1-55 门厅

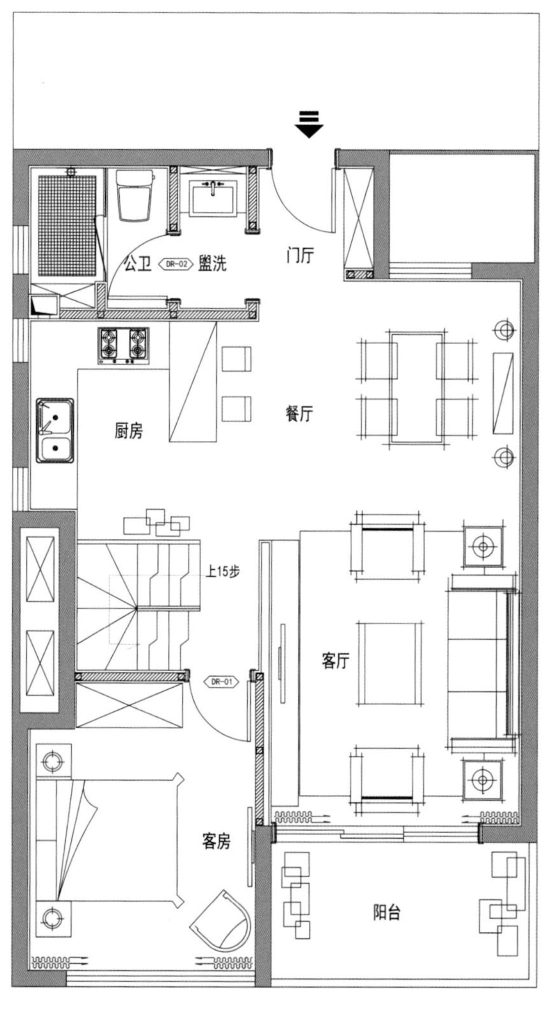

图3-1-56　一层平面布置图

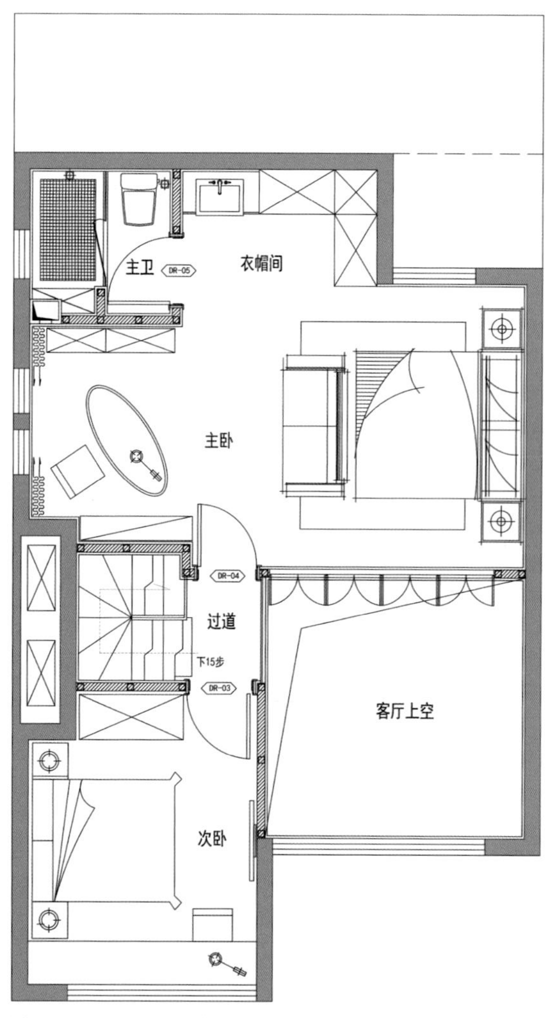

图3-1-57　二层平面布置图

六、复式居住空间设计案例赏析

工程名称：福建·龙旺SOHO样板房B1户型
坐落地点：福建
面积：110m²
设计单位：上海荷道设计有限公司
设计时间：2014.11
竣工时间：2015

龙旺SOHO样板房，房间共二层，一层主要安排了客厅、开放式厨房、餐厅、卫生间、卧室、阳台，以基本的生活为主；二层安排了设备齐全的主卧室和一个次卧室，以满足个人睡眠为主。在设计的过程中，房屋以年轻、时尚、便于工作和生活为方向，以现代简欧的风格打造了一个年轻、时尚的紧凑型的低调奢华空间。整体色调以白色为基调，间或搭配以深灰色、黄色的线条及面块进行调和，以蓝色的窗帘进行对比使房间更加明快。房屋的一大亮点之一是开放式厨房，在增加了厨房采光的同时，扩展了空间的视野，满足了以工作为主的业主做饭的需求。

图3-1-58 客厅 电视背景墙

图3-1-59 客厅 沙发背景墙

图3-1-60 客厅全景

图3-1-61 客厅、餐厅、厨房、楼梯的过渡空间

图3-1-62 餐厅 望向开放式厨房

图3-1-63　二楼望向一楼客厅
图3-1-64　开放式厨房
图3-1-65　兼具就餐的吧台

图3-1-66　一层的整体空间　从餐厅望向客厅

小贴士

学习与临摹经典案例是了解设计要求、设计思路、材料选择、效果表现、标准制图等内容的最短路径。当欣赏与分析的案例足够多时，自然就会从一个懵懂的学习者过渡成为一名胸有成竹的资深设计师。

图3-1-67　二层主卧室　床头背景
图3-1-68　二层主卧室　通向衣帽间

居住
空间

第二节 拓展途径

【本节内容】 与室内设计相关的书籍杂志和相关赛事

【训练目标】 了解与室内设计相关的书籍杂志和相关赛事安排，在条件允许的情况下进行深入学习与研究

【训练要求】 了解与室内设计相关的书籍杂志和赛事安排名录，掌握其具体内容特点

【训练时间】 2课时

提升职业能力和专业素养，课外的自我提升不可或缺。具体可以从下面几种途径着手，展开深入的长短期计划与专项训练。

一、参阅相关的书籍杂志

书籍杂志是拓宽视野、提高设计能力、了解行业时事动态的重要途径。

1.id+c室内设计与装修

《id+c室内设计与装修》创刊于1986年，是国内较早的室内设计专业杂志，是教育部认可的建筑学科A类期刊。它以月刊的形式定期向读者介绍优秀的国内外室内设计案例，及时报道居室装修的流行趋势，不断推出行业内新知识、新材料，可以帮助业内人士及时了解室内设计方面的最新动态，封面如图3-2-1。国际刊号：ISSN1005-7374；国内刊号：CN32-1372/TS。

2.ELLE DECOR

《ELLE DECOR》是美国著名时尚杂志ELLE旗下的家居主题杂志，主要提供家居时尚、流行家居、装潢、庭园设计、装潢购物、名人家居介绍和分析、设计师建议与交流、休闲与旅游等信息。它是全球著名的家居装饰设计杂志，风格国际化、现代化，时尚大气，全彩图，图片多。美国版杂志英文全名——ELLE DECOR，中文名字——家居廊，国际刊号：ISSN1672-7568；国内刊号：CN31-1919/GO。

3.瑞丽家居设计

《瑞丽家居设计》是《瑞丽》杂志社于2010年12月1日出版的杂志。2011年，在第4届中国品牌媒体高峰论坛中荣获“2010-2011年最具品牌价值时尚家居类期刊奖”，2012年，在第5届中国品牌媒体高峰论坛上荣获“2011-2012中国最具品牌价值期刊10强”。杂志主要定位：实用、功能；潮流、灵感；文化、生活。国内刊号：CN11-4968/TS。

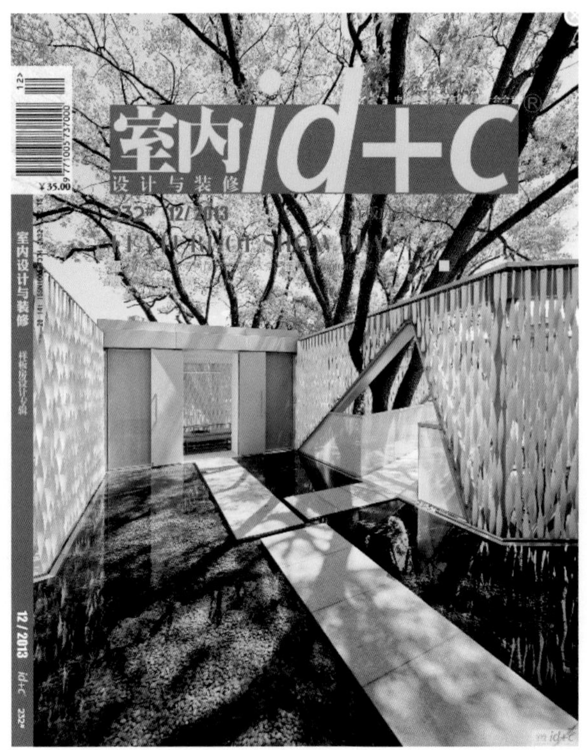

图3-2-1 《id+c室内设计与装修》杂志封面示意

图3-2-2 《ELLE DECOR》杂志封面示意

图3-2-3 《家居廊》杂志封面示意

图3-2-4 《瑞丽家居设计》杂志封面示意

4.domus

《domus》，意大利著名的建筑、设计杂志，自1928年创刊以来，始终以敏锐的视角，客观、及时、全面地报道全球建筑、设计及艺术动态，对国际建筑、设计及艺术界有着广泛深远的影响，是全球最具活力和影响力的专业杂志之一。

《domus》国际中文版以《domus》意大利原版内容为主体，从版式到各个特色栏目，都完全依照原版形式；在此基础上，另外增加本土内容，向中文读者群及全世界展示中国建筑、设计及艺术领域的最新动态——包括建筑、设计、艺术类作品介绍，主题性的案例、对话、讨论、研究，以及一部分国内新闻资讯及书评。国际刊号：ISSN0012-5377。

5.IDEAT理想家

《IDEAT理想家》来自于法国，是一本混合了艺术、设计、风尚、当代创想的灵感之书。它不仅是建筑家、设计师、当代潮物的狂热爱好者，也是新生代城市公民生活的蓝本。国内刊号：CN 12-1446/GO。

6.当代设计CONDE

《当代设计CONDE》来自于中国台湾，月刊。每期报道优秀华人设计师的最新作品，内容包括：（1）住宅、办公室、商业空间等室内设计；（2）建筑、景观设计；（3）材料、设备与家具。同时，《当代设计CONDE》也为欧洲、美国、日本及其他各国的产品导入亚洲市场做最深度介绍，并为它们举行记者会、发表会、展览等公开活动。每一页都是华人追求环境艺术设计的最美记录，也是读者提升生活品位的最佳指南。目前《当代设计CONDE》发行覆盖中国台湾、中国香港、中国大陆、新加坡、马来西亚等地区，为国际相当重视之专业设计杂志。

图3-2-5　《domus》杂志封面示意

图3-2-6　《IDEAT理想家》杂志封面示意

图3-2-7 《当代设计CONDE》杂志封面示意

图3-2-8 《安邸AD》杂志封面示意

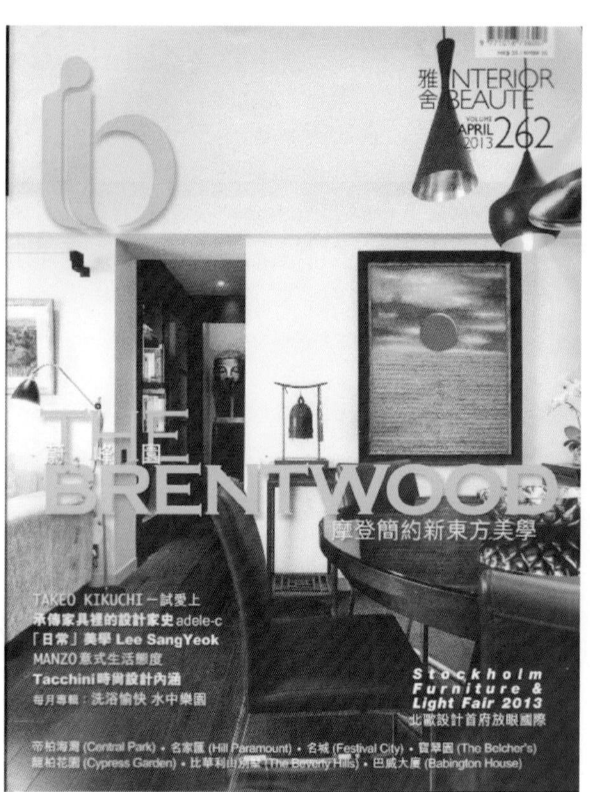

图3-2-9 《Pace interior beauty》（雅舍）杂志封面示意

7.安邸AD

《安邸AD》是有关家和生活方式的杂志。它不仅汇集建筑、家居、室内设计、艺术等世界流行趋势与各个领域的最新设计，更涵盖了生活的方方面面，包括汽车、时装、珠宝、香水等栏目，精彩夺目。杂志共分六大板块：趋势、表现、设计+艺术、话题、世界各地最美丽的家、指南。国内刊号：ISBN2095-1825。

8.Pace interior beauty

《Pace interior beauty》（雅舍）来自中国香港，月刊。它是一本介绍中国香港各大中小型住宅室内设计的月刊，令置业者从案例中得到崭新的意念。而各室内设计师更可借此机会展露其独特的构思，促进彼此互动交流。

9.设计世界INTERIOR DESIGN CHINA

Interior Design China ，月刊，前身是《设计世界》杂志，是中国建筑学会室内设计分会（CIID）会刊，通过美国国际数据集团（International Data Group）与全球室内设计权威杂志INTERIOR DESIGN达成版权合作，面向国内外公开发行。读者群定位:设计师，25～40岁，家庭年收入15万元以上，良好教育，成熟，创造品位，热爱生活。国际刊号：ISBN 9771006212001；国内刊号：CN11-3238/TU。

10.室内interior

《室内interior》是台湾知名室内设计杂志，月刊。介绍住宅与商业空间设计的最新代表作品，繁体中文出版,1989年至今，《室内interior》以精粹而具观瞻的视野，透析了空间与设计的定位。

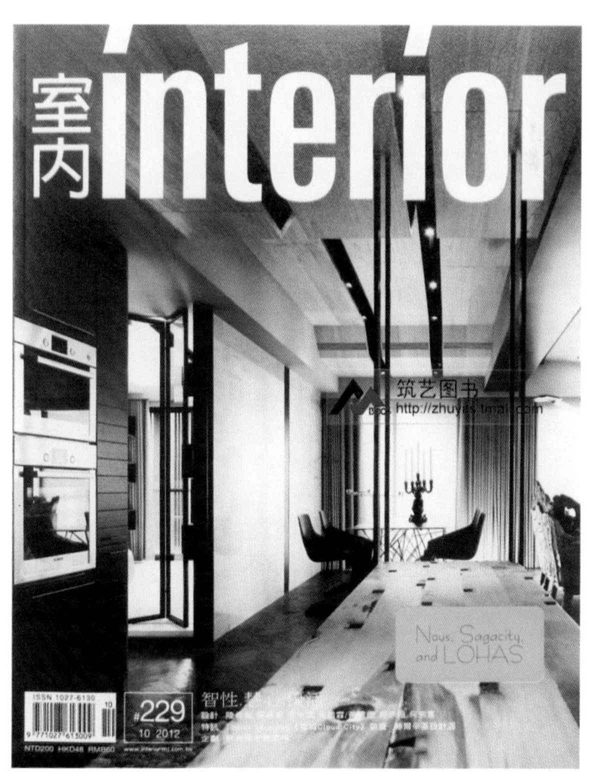

11.Home Journal美好家居

《Home Journal美好家居》是香港首屈一指的室内设计及装饰双语杂志，月刊。每月均会带来优质而丰富的内容，而且拥有一班固定的读者群——他们多是具有高消费力的人士，想为居所添置最合潮流的家具。《Home Journal美好家居》致力为读者呈献最新的装潢资讯，而且每期也会介绍多间中国香港及外国的华美居所，从而提供更多家居装潢的新意念。国内统一刊号：862Y0011。

图3-2-10　《设计世界INTREIOR DESIGN CHINA》杂志封面示意
图3-2-11　《室内interior》杂志封面示意

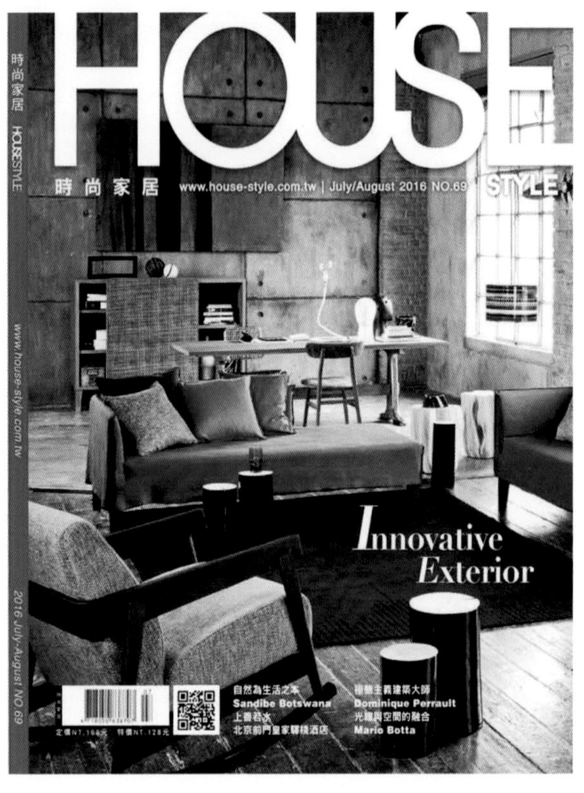

图3-2-12 《Home Journal美好家居》杂志封面示意
图3-2-13 《时尚家居》杂志封面示意

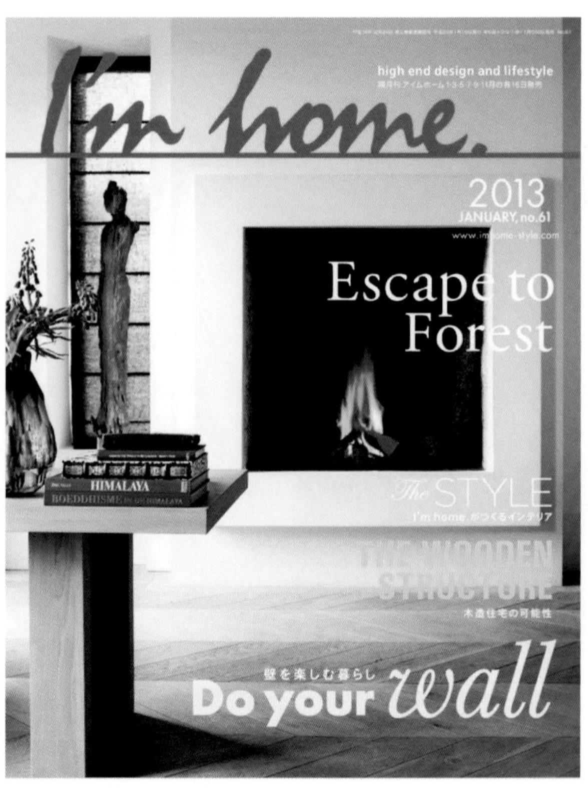

图3-2-14 《I'M HOME》杂志封面示意

12.时尚家居

《时尚家居》秉承时尚杂志社一贯的编辑理念，即“国际视野，本土意识”。在介绍分析国际最新家居潮流，推介一流精品的同时，又强调其实用性、贴近性。它用个人化的语言，阐述现代家居的观念和生活方式。这种诚恳的朋友式的独特编辑手法，是《时尚家居》与众多国内外家居杂志的不同之处。《时尚家居》主要栏目：封面故事、雅舍爱家名人家居、流行情报、时尚身段、设计师手笔、配饰、尚品店、素材全拼、家电、家具等。国内刊号：CN11-4456/GO。

13.I’M HOME

日本最著名的室内设计杂志，双月刊。居家装饰日式风格独特，内容丰富，图片精美，是了解日式室内设计的最佳参考。

图3-2-15　《VERANDA》杂志封面示意

图3-2-16　《家居主张》杂志封面示意

14.《VERANDA》

《VERANDA》是美国一本高档家庭和生活杂志，致力于一切典雅、豪华、精致的生活。杂志中充满了可爱的家园、花园，美味的食品，惊人的风景，美丽的照片，容易激发用户的装修和家庭娱乐热情。主要介绍欧美室内装饰、家居室内设计、家具设计、家纺制品、灯饰、现代家居、现代家具、乡村家具、花园设计、家饰等的发展动态。《VERANDA》不仅容纳精致装潢、庭园设计、餐桌装饰、花艺布置、美食食谱、旅游资讯等多元主题，更明确指导品位人士应当注意的艺术收藏、新书发表、奢华单品、必看之艺术展览等细节，每期介绍来自美国与世界各地之著名建筑师作品，传统美东豪宅或阳光加州别墅更是名单之常客，《VERANDA》完整满足高专业与美感兼具的读者要求。

图3-2-17　《缤纷Space》杂志封面示意

15.家居主张

《家居主张》是一本具有海派文化特点，高品质全方位介绍以住宅设计案例、生活艺术潮流资讯及相关配套产品为主题的专业时尚杂志，它以自己独特的文化品位和现代家居的设计理念，成为住宅设计与家居消费方面必备的参考性读物。国际刊号：ISSN 1009-9948；国内刊号：CN 31 - 1860/TS。

16.缤纷Space

《缤纷Space》是一本时尚类家居杂志，月刊。作为一本时尚类家居杂志，从家居生活介入，不局囿于实用居家的指导层面，突出设计理念和审美情趣。多数作品与杂志创意拥有自主版权，已成为专业领域内首屈一指的领导品牌。国际刊号：ISSN1005-0914；国内刊号：CN11-4056/G2。

二、关注并积极参与相关赛事

了解并积极参与室内设计相关赛事，是了解室内设计发展潮流、最新代表作品及新锐设计师的最近途径，也是初入职场的人员进入室内设计专业领域的最直接方法。

1.Andrew Martin室内设计奖

源于英国的Andrew Martin 国际室内设计大奖至今已有20年的历史，被美国《TIMES》等国际主流媒体誉为室内设计界的“奥斯卡”。

Andrew Martin室内设计奖由英国著名家居品牌Andrew Martin设立，获奖作品风格各异、包罗万象，凭借令人称道的公正性和权威性吸引着全球设计界的尊崇目光。奖项设立基于一个饱含激情的梦想：为室内设计行业界推介设计明星，挖掘设计新星，为世界室内设计界注入源源不断的新鲜力量，融聚永续创新力。

2.APIDA亚太区室内设计大赛

亚太区室内设计大奖（Asia&Pacific Interior Design Award，APIDA）成立于1992年,是迄今为止亚洲最高规格的室内设计奖项。

APIDA由香港室内设计协会（IDA）主办，亚太各地室内设计协会协办。香港室内设计协会为国际室内建筑师和装饰设计师联盟IFI的成员。APIDA的宗旨是推动室内设计的公众意识，让人们体会到它对于我们每日生活的重要性，给予业内一些优秀的工程项目和设计师们应得的荣誉和认可，鼓励和推动室内设计的专业水准和设计概念的进步发展。

该大赛是为在亚太区域设计完成的工程项目而设。这包括中国台湾、中国、新加坡、日本、马来西亚、中国澳门、泰国、菲律宾、印度尼西亚、朝鲜、澳大利亚、新西兰、中国香港和印度。由于始终坚持公开公平公正的赛事姿态，APIDA已成为亚太地区设计领域最具权威性的专业级赛事。APIDA的赛程为年度赛程，一般情况下于每年2月开始招募参赛作品，11至12月公布赛事成果。具体赛程与参赛类别可参考其官方网站的说明。

3.Idea-Tops艾特奖

国际空间设计大奖——Idea-Tops艾特奖，由中国建筑室内设计行业门户网站——中华室内设计网联合中国三大权威学术机构——清华大学美术学院、中央美术学院、天津美术学院共同发起主办，每年一届，12月隆重颁奖，是中国境内国际化空间设计奖项，旨在打造全球最具思想性和影响力的设计大奖，发掘和表彰最佳设计师和最佳设计作品。

Idea-Tops艾特奖作品面向全球设计界公开征选，参赛者不受民族、宗教、地域、国别的限制。参赛作品必须全部为竣工项目，参赛作品图片必须为竣工后的实景照片（集体创作的作品必须标明主创设计师姓名）。

4.金堂奖

金堂奖自2010年举办以来，由于其坚持“公益、公正、独立、服务”的定位，靠着强大的评委阵容，全新的评审体系，公开公正的评审进程，奠定了金堂奖行业高度，也在每年吸引数千个各领域优秀年度竣工作品的集结。同时，参评设计师和设计公司范围已跨出大陆线，吸引了大量港台地区及欧洲、亚洲等各国外籍设计师的积极参与，代表了中国室内设计高速发展的趋势，代表了中国室内设计走向世界的决心和希望。

5.中国国际空间设计大赛（中国建筑装饰设计奖）

截至2016年，由中国建筑装饰协会主办的中国国际空间环境艺术设计大赛已成功举办了7届，吸引了国内外广大设计机构和设计人员的广泛参加，无论从参与人数，还是层次、参赛类别等方面，均创造了中国室内设计大赛的多项纪录，对提高我国原创设计水平起到了积极的促进作用，已成为中国建筑装饰行业设计界最具权威和影响力的顶级赛事。

第1-6届中国国际空间环境艺术设计大赛得到了筑巢投资集团的大力支持，并冠名“筑巢奖”。为了更有利于参赛作品涵盖空间设计的外延，丰富大赛的内容，提升大赛的学术价值，向世界展示中国空间设计的水准和成就，激励更多的国际设计精英走进中国，从2016年第七届开始，中国国际空间环境艺术设计大赛将启用新名——中国国际空间设计大赛（中国建筑装饰设计奖）。官方微博：中装新网、计划装修、优装美家；官方微信：cbdawxgz、优装美家装修助手。

6.“营造空间”设计师大赛

“营造空间”顾名思义是通过设计、装饰等手法塑造出空间艺术感、家居装饰美感；构建出室内空间的各项功能并达成客户需求甚至超越客户需求。

国际空间设计大奖（“营造空间”设计师大赛）于2013年在北京首度颁发，是由中国建筑装饰协会、CSDC中国空间设计师俱乐部、北京大易尚阳管理咨询有限公司联合主办的一场设计师盛会。它是世界设计业了解中国室内设计的一个窗口。它的每一步发展都受到各界的关注。

目前，“营造空间”设计师大赛面向全球设计界公开征集作品，每年一届，11月隆重颁奖，旨在打造全球最具思想性和影响力的设计大奖，发掘和表彰最佳设计师和最佳设计作品，同时为设计界搭建一个跨国交流、合作与发展的平台。“营造空间”设计师大赛正在努力发现更多才华横溢的设计师，并将这些冉冉升起的设计界明星聚集在一起，让更多的中国设计师走向世界，也让更多的境外设计师获得进入中国市场的钥匙。

7.CIDA 中国室内设计大奖——学院奖

中国室内装饰协会自2012年首次推出“CIDA中国室内设计大奖”之后，历经四年的精心培育，依托国内一流艺术院校和专业设计机构的学术支持，“CIDA中国室内设计大奖”迅速在业内建立权威地位，呈现出专业性、学术性、高端化的鲜明特点，并得到了设计界同行的踊跃参与，生动展现了我国室内设计发展的实践特色、民族特色和时代特色，迅速成为国内备受瞩目的权威奖项。

在国家创新发展战略的时代背景下，为进一步发掘中国室内设计专业教育与学术研究领域的优秀人才与学术成果，探索创新型设计人才的培养途径，促进专业教育教学更深层次的互动交流，中国室内装饰协会在2015年 “CIDA中国室内设计大奖”的评选基础上，增设“CIDA中国室内设计大奖——学院奖”。“学院奖”旨在推动设计创新，构建中国室内设计专业教学、学科建设与人才培养的交流展示平台，倡导创新性、探索性、实验性、先锋性、包容性的学术理念，创造良好的室内设计学术生态。通过竞赛与互动激发中国设计的原始创新、集成创新、产学研用协同创新，推动我国室内设计教育在全球化视野下的多元发展。

“CIDA中国室内设计大奖——学院奖”每年评选一次，由CIDA学院奖评审委员会组织评选。设“CIDA学院奖”1名，“CIDA学院奖——优秀作品奖”若干名，中国各开设室内设计专业的高等学校均可组织报名。

小贴士

开阔视野，提升专业素养，仅仅依靠课程训练和身边的案例是无法达到的。在条件允许的情况下，经常看一些相关的书籍杂志，关注相关的赛事，是快速了解设计前沿讯息、清楚行业发展最新动态的最简便方法。同时在此过程中，自己也可以摸索着找到前进的方向。

主要参考书目

郑曙旸：《室内设计程序》（第三版），中国建筑工业出版社，2011年
李朝阳：《室内空间设计》（第三版），中国建筑工业出版社，2011年
吴宗敏：《软装实战指南》，华中科技大学出版社，2015年
简名敏：《软装设计师手册》，江苏人民出版社，2011年
李银斌：《软装设计师手册》，化学工业出版社，2014年
严建中：《软装设计教程》，江苏人民出版社，2013年
唐廷强等：《景观规划设计与实训》，东方出版中心，2008年
鲁小川：《设计帮：商业娱乐空间设计流程解析》，机械工业出版社，2014年
（日）尾上孝一等：《室内设计与装饰完全图解》，朱波等译，中国青年出版社，2013年
苏丹：《住宅室内设计》（第三版），中国建筑工业出版社，2011年
王新福：《居住空间设计》，西南师范大学出版社，2011年
李莉、程虎：《居住空间设计与应用》，中国水利水电出版社，2013年
谭长亮、孙戈：《居住空间设计》，上海人民美术出版社，2012年
黄春波、黄芳、黄春峰：《居住空间设计》，上海交通大学出版社，2013年
孔小丹、戴素芬：《居住空间设计实训》，东方出版中心，2009年
孔小丹：《室内设计项目化教程》，高等教育出版社，2014年
刘万辉：《微课教学设计》，高等教育出版社，2015年
刘芨杉：《室内装饰设计》，科学出版社，2011年
高铭聪、欧阳：《室内设计流程管理》，同济大学出版社，2010年（2015年重印）
高钰、孙耀龙、李新天：《居住空间室内设计速查手册》，机械工业出版社，2009年（2013年重印）
盖永成：《室内设计程序与项目运营》，中国水利水电出版社，2011年
上海市职业培训研究发展中心组织编写：《室内装饰设计：高级》，中国劳动社会保障出版社，2009年
上海市职业培训研究发展中心组织编写：《室内装饰设计：初级》，中国劳动社会保障出版社，2008年
徐彬：《室内设计项目教学》，中国水利水电出版社，2010年
尚金凯：《别墅室内环境设计整体记录》，中国建筑工业出版社，2006年
李沙、全进：《室内项目设计·上（居室类）》，中国建筑工业出版社，2006年
许柏鸣：《家具设计》，中国轻工业出版社，2013年
刘爽、陈雷：《居住空间设计》，清华大学出版社，2012年
《室内设计与装修　ID+C》2016年4月
《domus》2012年第3期
《VERANDA》2012年12月
《House Beautiful》2011年12月
《Elle Decoration UK》2013年7月

后记

自我国推行改革开放政策以来，室内设计行业得到了迅猛的发展，学习室内设计的人也越来越多。笔者作为安徽工商职业学院的骨干教师，将自己从事室内行业的实践经验进行了梳理与归纳，并结集出版。希望通过本书的介绍，能够为初入居住空间设计的行业人士、室内设计专业在校学生、家庭装修的业主、室内设计爱好者等减少一些疑惑，解答一些问题。

本书从一个居住空间设计师的角度，按照居住空间设计基础、居住空间设计过程、居住空间设计拓展三个篇章进行了阐述：第一篇是准备篇，主要介绍关于居住空间设计师应了解的基本知识：如概念、需要具备的知识与能力、常用装备等；第二篇是过程篇，主要以典型的居住空间设计过程为主线，依次从居住空间的设计定位、设计概念、设计方案、设计实施四个步骤，详细讲解居住空间的设计的具体流程及每个流程中应做的具体事项，这是本书的重点部分；第三篇是延展篇，主要从多个方向列举居住空间设计案例和具体拓展途径，以加深读者对居住空间设计的了解。同时，书中以小贴士形式梳理出注意事项、重难点和练习要点等，以方便读者更好地理解和阅读。

由于时间关系，书中选用的一些优秀图片未能查明出处与作者，请作者谅解并向您表示诚挚的谢意！同时囿于本人学识有限，书中难免有不妥甚至错误之处，敬请业内专家和广大读者不吝指正。

本人在写作过程中得到了院系领导和各位同仁的关心、支持与指导，在此表示衷心的感谢！同时也对家人的理解和出版社编辑的仔细审读，一并致谢！

周玉凤于安徽合肥

2016年11月20日